Anne Pamperin und Martin Oster

PHOTOVOLTAIK
FÜR EINSTEIGER

Anne Pamperin und Martin Oster

PHOTOVOLTAIK
FÜR EINSTEIGER

Ohne Vorkenntnisse zur maßgeschneiderten Photovoltaikanlage

Für Rolf und Renate und für unseren Freund André.
Danke für eure Unterstützung und eure wertvollen Tipps und Ratschläge!
Und für unsere Community auf unserem YouTube-Kanal
»gewaltig nachhaltig« – für die beste Gemeinschaft überhaupt!

INHALT

EINFÜHRUNG

Die Sonne wärmt uns nicht nur und spendet uns Licht, sie hilft uns auch, Energie zu erzeugen

An einem schönen Tag richten wir unseren Blick gerne gen Himmel und betrachten die Sonne. Wir lassen uns von ihr wärmen und freuen uns über das Licht, mit dem sie uns erhellt. Vor allem in der heutigen Zeit wird uns immer bewusster, dass wir diese Energie, die dieser riesige, rund 150 Millionen Kilometer entfernte Feuerball für uns bereithält, unbedingt für uns nutzen sollten.

»Die Sonne schickt uns keine Rechnung« lautet der Titel eines Buches des Journalisten und Fernsehmoderators Franz Alt – und genau deswegen ist die Photovoltaik, also die Umwandlung von Sonnenenergie in elektrischen Strom, die perfekte Möglichkeit für jeden, der eine Fläche zur Verfügung hat, seinen eigenen Strom günstig und klimaschonend zu produzieren.

Photovoltaik (PV) und Solarthermie, also die Erwärmung von Wasser durch Sonnenkollektoren, sind aber keineswegs neue Erfindungen. Schon lange wird diese umweltfreundliche Art der Energieerzeugung genutzt. So war Solarstromerzeugung bereits in den 1990er-Jahren in Anne Pamperins Heimatstadt Norderstedt ein Thema. Ihr Vater Rolf war Mitglied einer Bürgerinitiative, die sich Anfang der 2000er-Jahre für den Ausbau der erneuerbaren Energien starkmachte.

Unter anderem bedingt durch die auf 20 Jahre gesetzlich garantierte Einspeisevergütung des selbst erzeugten Stroms erlebte die Solarbranche in Deutschland Anfang der 2000er-Jahre einen enormen Aufschwung. Dieser ebbte jedoch nach wenigen Jahren wieder ab, nachdem zahlreiche Gesetzesänderungen dazu führten, dass die Einspeisevergütung drastisch gesenkt wurde und somit die Anschaffung einer PV-Anlage für viele nicht mehr attraktiv war.

Die Folge: Viele Solarfirmen mussten Konkurs anmelden und stellten ihre Tätigkeit, darunter auch die Produktion von PV-Modulen in Deutschland, komplett ein. Tausende Mitarbeiter wurden entlassen – auch die erwähnte »Solar-Initiative Norderstedt« verschwand von der Bildfläche.

Heute stehen wir vor einem Neuanfang. Die Solarindustrie in Deutschland versucht, wieder auf die Beine zu kommen, und – was mindestens genauso wichtig ist – immer mehr Menschen im Land

Immer mehr Menschen zeigen Interesse an Photovoltaik und wollen mithilfe der Sonnenenergie ihren eigenen Strom produzieren

interessieren sich für Photovoltaik und wollen ihren eigenen Strom erzeugen.

Seit 2018 sind auch wir Betreiber einer Photovoltaikanlage. Gestartet als blutige Anfänger ohne Vorkenntnisse und mit wenig nützlicher Hilfe aus dem direkten Freundes- und Bekanntenkreis erfuhren wir, wie komplex das Thema Stromerzeugung mithilfe der Sonne ist. Eine PV-Anlage gleicht selten einer anderen – auf die Gegebenheiten kommt es an.

Seit 2020 berichten wir auf unserem You Tube-Kanal »gewaltig nachhaltig« über die positiven, aber auch über die negativen Erfahrungen mit unserer PV-Anlage, beantworten Fragen rund um das Thema Photovoltaik und erfreuen uns einer immer größer werdenden Fangemeinde.

Wir besuchen regelmäßig andere Betreiber von PV-Anlagen und stellen in unseren Videos deren Energiekonzepte vor. Auch dadurch haben wir inzwischen sehr viel Erfahrung gesammelt und festgestellt, wie unterschiedlich und vielfältig PV-Anlagen und die Verteilung des erzeugten Stroms auf die Verbraucher im Haus ausgelegt werden können.

Wir pflegen regen Austausch mit anderen PV-Anlagenbetreibern und mit vielen, die gerne die Sonnenenergie nutzen möchten, aber unsicher sind und zahlreiche Fragen haben. Wir stehen in Kontakt zu Solateuren, also den Fachkräften, die die Solaranlagen planen und bauen, sprechen aber auch mit Elektroinstallateuren, Dachdeckern und anderen Anbietern der verschiedenen Komponenten und Dienstleistungen, die zum Bau einer PV-Anlage gehören.

Wie in vielen anderen Bereichen des Lebens gilt auch beim Thema Photovoltaik: Aller Anfang ist schwer. Es gibt nicht die eine Anlage von der Stange und nicht die eine Faustregel für die richtige Anzahl und Anordnung der Module oder für die richtige Größe des Stromspeichers. Das mussten auch wir zu Beginn unserer Planungen feststellen.

Schon bevor die ersten Module auf unserem Dach lagen, stellten wir fest, dass unsere Vorstellungen und Ideen nicht immer mit denen der Planer übereinstimmten. Einer wollte beispielsweise Module auf Flächen legen, die nicht vorhanden waren – er hatte das Dach offensichtlich gar nicht richtig angesehen. Auch ungünstig gelegene oder verschattete Bereiche hätten ebenfalls nicht belegt werden müssen oder sollen.

Nach einigem Hin und Her war die PV-Anlage dann errichtet, und produzierte Strom. Wir merkten allerdings bald, dass wir von der optimalen Auslegung und Dimensionierung weit entfernt waren. Finanzierung, Speichergröße, Dachbelegung und Installation – viele Dinge würden wir heute anders planen und realisieren.

Dieses Buch soll dazu dienen, das Interesse an Photovoltaik zu wecken und sich mit den Grundbegriffen vertraut zu machen. Gleichzeitig soll es helfen, den einen oder anderen Fehler, den wir gemacht haben, zu vermeiden. Mit den entsprechenden Kenntnissen können auch eigene Ideen besser eingebracht, begründet und schließlich auch umgesetzt werden.

Wir beschreiben Schritt für Schritt in Wort und Bild den Weg von der Planung einer Anlage über die Installation bis hin zur Anmeldung und Inbetriebnahme. Dieser »PV-Leitfaden« ist aufgeteilt in einzelne Kapitel, in denen bei Bedarf immer wieder geblättert werden kann. So soll in der Theorie und später auch in der Praxis eine maßgeschneiderte, also auf den eigenen Bedarf individuell zugeschnittene, PV-Anlage entstehen.

Ferner finden sich im Buch weiterführende Links und Hinweise, um stets auf dem aktuellen Stand in puncto Photovoltaik zu sein. Gerade beim Thema Preisentwicklung ist eine Vorhersage nur schwer möglich, hier muss auf regionale Gegebenheiten geachtet werden, und eigene Erfahrungen sollten berücksichtigt werden. Auch die Regularien und Gesetze, die für Betreiber von PV-Anlagen relevant sind, unterliegen einem ständigen Wandel, sodass hier immer die aktuell gültigen Vorgaben berücksichtigt werden müssen.

Mit Photovoltaik den eigenen Strom zu erzeugen, um ihn direkt zu verbrauchen, ist aber nur ein Aspekt, der uns beschäftigt. Mittlerweile steht bei uns auch das Heizen mit Strom und das Laden unseres Elektroautos im Fokus. Dieser nächste Schritt – die Sektorenkopplung – wird für uns und auch für die dringend benötigte

Energiewende immer wichtiger und soll deshalb ebenfalls in diesem Buch betrachtet werden.

Wir wünschen viel Freude beim Lesen! Wir hoffen, dass nach dieser Lektüre viele Unklarheiten beseitigt und die wichtigsten Fragen beantwortet sind. Dann steht dem Bau der eigenen PV-Anlage nichts mehr im Weg, und unser gerne verwendetes Motto »Macht die Dächer voll« kann umgesetzt werden.

Noch ein kleiner Warnhinweis: Photovoltaik macht süchtig! Bereits zum zweiten Mal steht inzwischen eine Erweiterung unserer PV-Anlage an. Das gute Gefühl, mit dem selbst produzierten Strom sämtliche Verbraucher im Haus zu versorgen und von März bis Oktober komplett auf den Zukauf von Strom verzichten zu können, möchten wir nicht mehr missen. Am Computer oder mittels Handy App zu beobachten, wie die Stromerzeugung auch an bewölkten Tagen startet, wie diese im Laufe des Tages immer weiter ansteigt, und dass sogar am Abend immer noch hier und da ein paar Watt vom Dach kommen, macht einfach Spaß!

GLOSSAR

Bevor wir inhaltlich starten, gibt es an dieser Stelle einen Crashkurs in Sachen Begriffe und Einheiten aus dem Bereich der Photovoltaik. Diese Erläuterungen sollen helfen, den weiteren Inhalt des Buches besser zu verstehen. Wenn dann die eigene PV-Anlage auf dem Dach ist und die Lust, sich mit anderen über Erträge, Dachneigungen und Technik auszutauschen, immer größer wird, ist es von Vorteil, wenn man im Gespräch mit Gleichgesinnten sicher und begriffsfest auftritt.

WAS BEDEUTET PHOTOVOLTAIK, UND WIE FUNKTIONIERT EINE PV-ANLAGE?

Mit dem Begriff Photovoltaik (PV) wird die direkte Umwandlung von Sonnenlicht mittels Solarzellen in elektrischen Strom bezeichnet. Photovoltaik ist ein Teilbereich der Solartechnik, zu der unter anderem auch noch die Solarthermie – die Umwandlung von Sonnenlicht in Wärme – gehört. Ein wichtiger Bestandteil von Solarzellen ist Silizium, dem nach Sauerstoff am zweithäufigsten vorkommenden chemischen Element auf der Erde.

Der Begriff Photovoltaik leitet sich aus dem griechischen Wort *photos* (Licht) und Volt, der Einheit der elektrischen Spannung, ab.

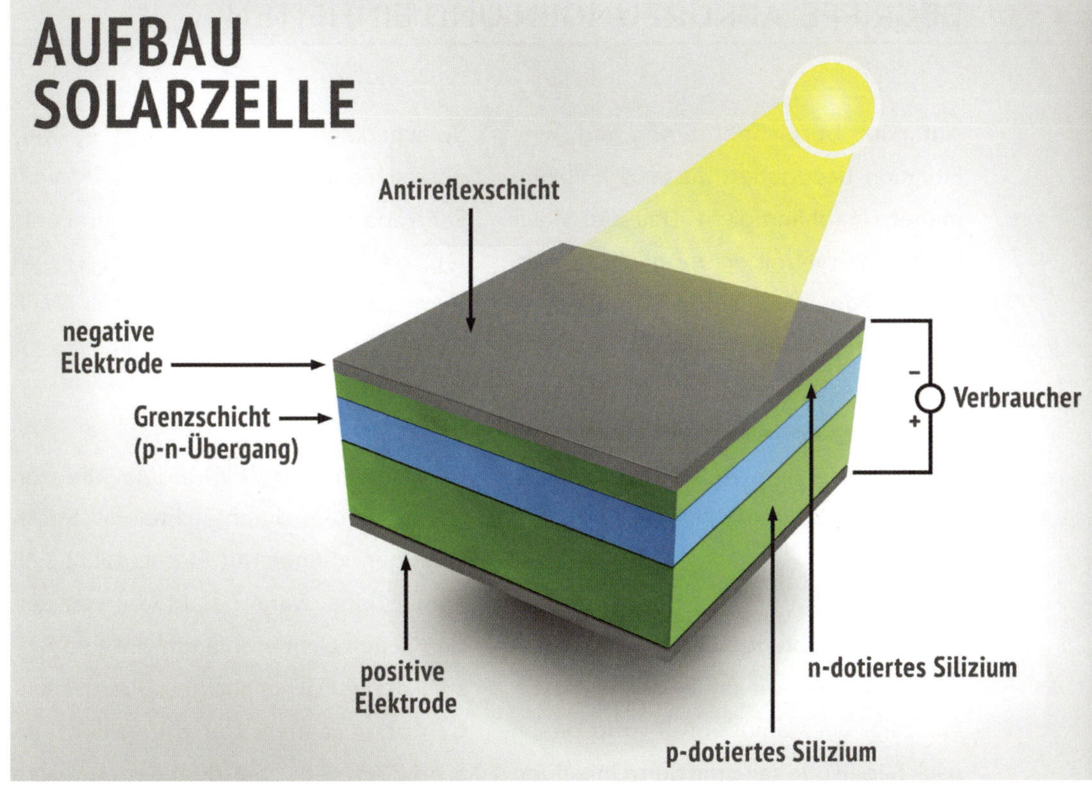

Eine Solarzelle wandelt Sonnenenergie in elektrischen Strom um

Der Aufbau einer PV-Anlage ist eigentlich recht einfach. Die Module auf dem Dach sind in einer oder mehreren Leitungen hintereinander verbunden und an einem Wechselrichter angeschlossen. Dieser macht aus dem Gleichstrom, den die Module erzeugen, Wechselstrom, mit dem in unseren Gebäuden die elektrischen Geräte betrieben werden. Der Wechselrichter wird an das Hausstromnetz angeschlossen. Je nach Belieben kann die PV-Anlage noch um einen Batteriespeicher ergänzt werden, der Strom am Tag einspeichert und in der Nacht zur Verfügung stellt. Ganz grob gesehen sind das schon alle Komponenten, die zu einer PV-Anlage gehören.

BEGRIFFE, ABKÜRZUNGEN UND EINHEITEN

Autarkie: bezeichnet einen auf eine Situation bezogenen Zustand vollkommener Unabhängigkeit. Das Ziel vieler PV-Anlagenbetreiber, möglichst unabhängig vom öffentlichen Stromnetz zu sein, ist wegen der schwachen Wintererträge kaum zu erreichen. In der Regel spricht man deshalb lediglich vom Autarkiegrad, also dem Anteil des Gesamtstromverbrauchs, der durch die PV gedeckt wird.

Azimut/Ausrichtung: der standortbezogene Horizontalwinkel. In der Photovoltaik zeigt ein Azimut von 0 Grad genau nach Süden und zählt mit dem Uhrzeigersinn hoch. West ist 90 Grad, Nord 180 Grad und Ost -90 Grad.

Bidirektionales Laden: Laden in zwei Richtungen, hier bezogen auf das Elektroauto. Der Akku des Fahrzeugs kann nicht nur be-, sondern auch entladen werden. In einem intelligenten Stromnetz kann dies der Netzstabilisierung dienen, indem Millionen E-Auto-Akkus Schwankungen in den Verteilnetzen mit ihrer Speicherkapazität ausgleichen. Es wird unterschieden zwischen dem Laden vom Fahrzeug ins Netz an öffentlichen Punkten, dem »Vehicle-to-Grid« (V2G) und dem Laden an privaten Stationen (Wallboxen) ins Haus, genannt »Vehicle-to-Home« (V2H).

Bifaziale Module: PV-Module, die von beiden Seiten durch Lichteinfall Strom erzeugen können. Ihr Einsatz lohnt sich immer dann, wenn das Modul von beiden Seiten Licht empfängt, wie zum Beispiel bei Freiflächenanlagen, Überdachungen oder Zäunen. Der Ertrag liegt um 5 bis 30 Prozent über dem der normalen Module.

BMWK: Das Bundesministerium für Wirtschaft und Klimaschutz ist eine oberste Bundesbehörde mit Dienstsitz in Berlin.

Bundesnetzagentur: Die Bundesnetzagentur für Elektrizität, Gas, Telekommunikation, Post und Eisenbahnen ist eine selbstständige Bundesoberbehörde mit Sitz in Bonn. Sie hat den Auftrag, durch

Beim bidirektionalen Laden wird das E-Auto nicht nur aufgeladen, sondern kann als Speicher dienen und den Strom bei Bedarf wieder abgeben

Regulierung in den Zuständigkeitsbereichen den Wettbewerb zu fördern und einen diskriminierungsfreien Netzzugang zu fairen Bedingungen zu gewährleisten. Seit 2011 ist sie auch für den beschleunigten Ausbau der Stromnetze zuständig.

Bypassdiode: PV-Module sind meist mit drei oder vier Umgehungs- oder Bypassdioden ausgestattet. Wird ein Teil des Moduls durch Verschattung oder Verschmutzung beeinträchtigt, arbeiten die betroffenen Zellen wie ein Widerstand und verhindern den Stromfluss. In diesem Fall leitet die Bypassdiode den Strom an dem betroffenen Zellenverbund vorbei und sorgt somit dafür, dass die Gesamtleistung des Modulstrangs nicht beeinträchtigt wird.

CO2-Rucksack: durch Produktionsaufwand bedingter Ausstoß des Treibhausgases Kohlenstoffdioxid (CO_2) bei der Herstellung von PV-Modulen und Stromspeichern. Dieser muss in die CO_2-Bilanz von regenerativen Energieerzeugern mit einberechnet werden.

Degradation: eine über die Jahre durch Materialverschleiß einsetzende Verringerung der Leistung der PV-Module oder der Kapazität des Stromspeichers.

Diffuslicht/Diffusstrahlung/Schwachlicht: Hier geht es um Lichteinstrahlung, die nicht durch direkte Sonneneinstrahlung erzeugt wird, sogenanntes Streulicht.

EEG: Erneuerbare-Energien-Gesetz. Das EEG wurde im Jahr 2000 eingeführt und regelt unter anderem den Einspeisevorrang erneuerbarer Energieerzeuger in das deutsche Stromnetz und dessen Vergütung.

Eigenbedarf: die Menge an Strom, die zur Deckung der Versorgung notwendig ist. Kurz: der Stromverbrauch.

Eigenverbrauchsanteil: die Menge des aus der PV-Anlage erzeugten Stroms, der selbst verbraucht wird.

Einspeisevergütung: die finanzielle Vergütung für ins Netz eingespeisten Strom. Sie richtet sich nach dem Monat der Inbetriebnahme der PV-Anlage und wird vom Verteilnetzbetreiber monatlich oder jährlich ausgezahlt.

Einspeisezähler/Erntezähler: ein geeichter Stromzähler, der die eingespeiste Strommenge der PV-Anlage ermittelt. Dieser ist in der Regel nur bei mehreren an einem Hausanschluss angeschlossenen PV-Anlagen notwendig.

Einspeisung: Strom, der von der PV-Anlage erzeugt und nicht selbst verbraucht wird, wird ins öffentliche Stromnetz eingespeist und über das EEG vom Verteilnetzbetreiber vergütet.

Energieversorgungsunternehmen (EVU): das Unternehmen, bei dem man den Stromliefervertrag abgeschlossen hat und von dem die Stromrechnung kommt. Seit der Liberalisierung des Strommarkts in den 1990er-Jahren ist die Wahl des EVUs frei.

Glas-Glas-Module: Herkömmliche PV-Module sind nur von einer Seite mit gehärtetem Glas versehen, die Unterseite ist mit einer Folie abgedichtet. Es kommen aber vermehrt Glas-Glas-Module auf den Markt, bei denen auch die Unterseite mit einer Glasschicht abgedichtet ist. Den leicht höheren Anschaffungskosten steht eine erhöhte Lebenserwartung gegenüber, da die Module in sich stabiler sind und so Mikrorisse durch temperaturbedingte Spannungen im Modul verringert werden.

Gleichstrom (englisch *direct current*, DC) und Wechselstrom (englisch *alternating current*, AC): Bei Gleichstrom fließen die Ladungsträger des elektrischen Stroms konstant in eine Richtung, beim Wechselstrom wechseln diese ihre Richtung in gleicher Frequenz. Gleichstrom kommt bei der Batteriespeicherung wie auch im Hochspannungsbereich zum Einsatz, um Strom über weite Strecken mit geringen Verlusten zu transportieren. Wechselstrom kommt im Niederspannungsbereich zum Einsatz, da die Spannung über Transformatoren verlustarm reguliert werden kann.

Grundlast/Spitzenlast: Den permanenten Stromverbrauch im Haus durch Geräte, die dauerhaft Strom benötigen (Kühlschrank, Heizung, technische Geräte im Stand-by-Modus), nennt man Grundlast. Großverbraucher, die nur gelegentlich laufen (Waschmaschine, E-Auto) sind hier nicht berücksichtigt und bilden die sogenannte Spitzenlast.

Im Stromnetz wird mit Grundlast die Energiemenge bezeichnet, die permanent verbraucht wird.

Grüner Wasserstoff: Wasserstoff, der durch Elektrolyse, also in diesem Fall die Zerlegung von Wassermolekülen in Wasserstoff und Sauerstoff mithilfe von regenerativ erzeugtem Strom, entsteht. Die Herstellung von grünem Wasserstoff ist sehr stromintensiv, dafür aber klimaschonend. Weitere Arten der Wasserstoff-

Für die Produktion von grünem Wasserstoff (H_2) wird regenerativ erzeugter Strom benötigt

herstellung werden mit anderen Farben (Türkis, Blau, Pink oder Grau) gekennzeichnet.

Hinterlüftung: Da PV-Module bei steigender Hitze in ihrer Leistung nachlassen, ist es wichtig, dass sie bei einer Montage auf dem Dach gut hinterlüftet sind. So kann die heiße Luft abtransportiert werden, und die Module bringen mehr Leistung.

Inbetriebnahme: die erstmalige Funktionsaufnahme der fertiggestellten PV-Anlage. Vom Zeitpunkt der Inbetriebnahme hängt die Höhe der Einspeisevergütung ab. Der Verteilnetzbetreiber erhält vom Installateur ein Inbetriebnahmeprotokoll und nimmt die Anlage in der Folge ab.

Kilowatt (kW): 1 kW = 1 000 Watt. Einheit für Leistung. Leistung ist die Energiemenge, die in einem Augenblick von einem Generator erzeugt/umgewandelt wird. Die aktuelle Leistung der PV-Module wird in Watt angegeben.

Kilowattstunde (kWh): 1 kWh = 1 000 Wattstunden. Einheit für Arbeit. Gibt die Energiemenge an, die über einen bestimmten Zeitraum erzeugt/verbraucht/gespeichert wurde. Der Hausverbrauch oder auch die im Speicher befindliche Energiemenge wird in Wattstunden angegeben.

Kilowatt-Peak (kWp): die maximale Nennleistung der PV-Module unter Standardbedingungen. Die tatsächliche Leistung kann diese unter idealen Bedingungen kurzfristig überschreiten, bleibt die meiste Zeit aber je nach Witterung darunter.

Leerlaufspannung: Wenn kein Verbraucher an einer elektrischen Quelle angeschlossen ist, liegt dennoch eine sogenannte Leerlaufspannung an. Mit dieser lässt sich anhand der Daten des Wechselrichters ermitteln, wie viele PV-Module an einen String angeschlossen werden dürfen. Die addierten Leerlaufspannungen der Module dürfen die Maximalspannung am Wechselrichter nicht überschreiten.

Am Wasserhahn wird der Unterschied zwischen Kilowatt (kW) und Kilowattstunde (kWh) deutlich: Die Wassermenge, die zu einem bestimmten Zeitpunkt aus dem Hahn kommt, also die Dicke des Wasserstrahls, ist mit der Einheit Kilowatt vergleichbar. Die Kilowattstunde indes ist in diesem Fall die gesamte Wassermenge, die über einen bestimmten Zeitraum im Glas gesammelt wird.

Marktstammdatenregister (MaStR): das Register für den deutschen Strom- und Gasmarkt. Hier sind vor allem die Stammdaten zu Strom- und Gaserzeugungsanlagen zu registrieren. Außerdem sind die Stammdaten von Marktakteuren wie Anlagenbetreibern, Netzbetreibern und

Energielieferanten zu registrieren. Das Marktstammdatenregister wird von der Bundesnetzagentur geführt.

Maximum Power Point Tracker (MPPT): Beim MPP-Tracking überwacht der Wechselrichter die Spannung über alle in einem Strang zusammengefassten Module. Regelmäßig ermittelt er dabei den höchsten Leistungspunkt. Fallen ein oder mehrere Module (beispielsweise durch Verschattung) aus diesem Leistungsbereich heraus, kann der Wechselrichter diese über die modulinternen Bypassdioden überbrücken und so die Leistung der restlichen Module erhöhen.

Messstellenbetreiber: wird im Messstellenbetriebsgesetz (MsbG) geregelt. Der Messstellenbetreiber ist für die Installation der Stromzähler und deren Ablesung verantwortlich. In den meisten Fällen ist dies der Verteilnetzbetreiber. Der Messstellenbetreiber kann aber frei gewählt werden.

Mischvergütung: Werden innerhalb eines Jahres zwei PV-Anlagen an einem Hausanschluss installiert, so gelten diese gemäß EEG als eine Anlage. Wird die neue Anlage mehr als zwölf Monate nach der ersten in Betrieb genommen, so gilt sie als separate Anlage und müsste über eine eigene Zählerinstallation abgerechnet werden. Es gibt aber auch die Möglichkeit, beide Anlagen über einen Stromzähler in sogenannter Mischvergütung abzurechnen. Dabei wird anteilig nach den jeweiligen Einspeisevergütungen zu den unterschiedlichen Inbetriebnahme-Zeitpunkten und nach den unterschiedlichen Leistungen der beiden Anlagen eine Durchschnittsvergütung für beide Anlagen errechnet.

Netzbetreiber/Verteilnetzbetreiber: der Betreiber des lokalen Niederspannungsstromnetzes. Er koordiniert Transport und Verteilung des Stroms von den Kraftwerken zu den Verbrauchern. Während sogenannte Übertragungsnetzbetreiber die großen Stromtrassen bedienen, ist für jeden einzelnen Haushalt jeweils der örtliche Verteilnetzbetreiber zuständig. Mit diesem Unternehmen schließt der Gebäudeeigentümer einmalig einen Netzanschlussvertrag. Der Netzbetreiber ist nicht frei wählbar, da es physikalisch nur das eine lokale Stromnetz gibt.

Netzdienlichkeit: Das Stromnetz muss zu jeder Zeit so viel Strom zur Verfügung stellen, wie von den angeschlossenen Verbrauchern abgenommen wird. Das Netz muss also stets in einem ausgewogenen Zustand zwischen Einspeisung und Verbrauch stehen. Daher muss die Erzeugung dem Verbrauch angepasst werden. PV-Anlagen speisen im Sommer zur Mittagszeit am meisten Strom ins Netz ein. Daher bietet es sich an, zu diesem Zeitpunkt einen möglichst hohen Verbrauch zu erzeugen, zum Beispiel durch das Laden von E-Autos oder dem Erzeugen von warmem Wasser.

Netzeingriffe: Um die oben beschriebene Netzdienlichkeit zu ermöglichen, müssen Erzeugung und Verbrauch in Einklang gebracht werden. Das geschieht durch gezielte Zu- und Abschaltung von Erzeugern und Verbrauchern.

Netzfrequenz: Die Netzfrequenz ist die Frequenz der Wechselspannung in einem Stromnetz. In Deutschland und auch im gesamten europäischen Verbundnetz beträgt die Netzfrequenz der elektrischen Energieversorgung 50 Hz (Hertz). Kleinere Abweichungen nach oben oder unten haben keine Auswirkungen, bei größeren Schwankungen muss das Netz durch Netzeingriffe (zum Beispiel das Abschalten von Großverbrauchern) stabilisiert werden.

Optimierer/Leistungsoptimierer: elektronische Geräte, die an jedem oder jedem zweiten PV-Modul angeschlossen werden und die Leistung des Moduls individuell steuern. Die Module sind zwar auch hier in Strings geschaltet, aber es wird nicht mehr der komplette String gesteuert, sondern jedes einzelne Modul. Das führt bei mehreren verschiedenen Ausrichtungen und Teilverschattungen zu verringerten Leistungsverlusten.

Photovoltaik-Module (PV-Module): Solare Stromerzeugungsgeneratoren. Eine PV-Anlage besteht aus mehreren in Reihe geschalteten PV-Modulen, die hauptsächlich aus einer Glasscheibe, einer Schicht mit Solarzellen und einer abschließenden Glasscheibe oder Folie bestehen, umrandet von einem Aluminiumrahmen. Heutige PV-Module wiegen bei einer Größe von 1,75 x 1,10 Meter ungefähr 20 Kilogramm.

Prosumer: Der Begriff Prosumer setzt sich zusammen aus den englischen Wörtern für Produzent *(producer)* und Konsument *(consumer)*. In der Photovoltaik sind Prosumer PV-Anlagenbetreiber, die ihren erzeugten Strom selbst verbrauchen und den überschüssigen Anteil ins öffentliche Netz einspeisen.

Saldierende Zählung: Haushalte in Deutschland werden auf drei Stromleitern (Phasen) mit Strom versorgt. Die elektrischen Verbraucher sind auf diese drei Phasen verteilt. Aber nicht alle Wechselrichter und Stromspeicher werden auf alle drei Phasen aufgeschaltet. Trotzdem wird der Stromverbrauch bilanziell so gemessen, als würden alle Verbraucher auf

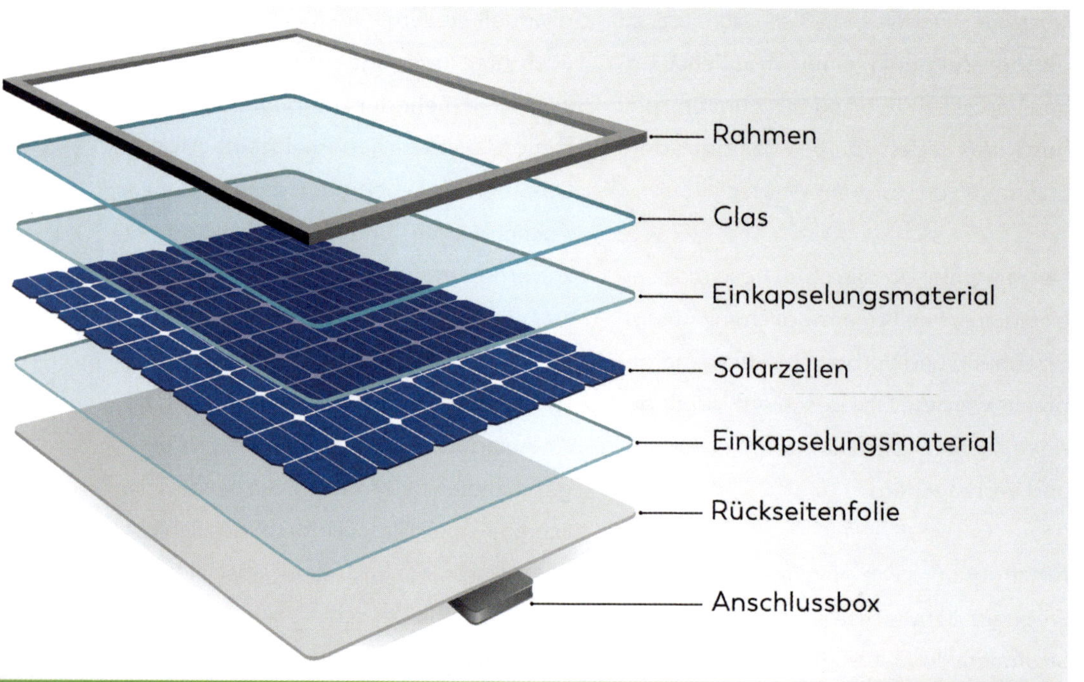

BESTANDTEILE EINES SOLARMODULS

Ein PV-Modul besteht aus mehreren Schichten

den drei Phasen mit Strom aus der PV-Anlage oder dem Speicher versorgt. Physikalisch wird in diesem Fall der Strom für den Verbraucher aus dem Netz bezogen und zum Ausgleich aus dem Wechselrichter oder Stromspeicher ins Stromnetz eingespeist. Der Stromzähler verrechnet diese Stromflüsse entsprechend, als würde das komplette Haus auch physikalisch mit dem Strom vom Dach versorgt.

Sektorenkopplung: die energetische Zusammenführung der energieverbrauchenden Bereiche Wohnen, Mobilität und Wärme. Energieträger ist im Idealfall der regenerativ erzeugte elektrische Strom. Dieser versorgt alle elektrischen Geräte. Im Wärmebereich wird die Sektorenkopplung verstärkt über Wärmepumpen oder Klimageräte realisiert. Im Verkehr können nicht nur batterieelektrische, sondern auch mit anderen Technologien ausgestattete Fahrzeuge zum Einsatz kommen. Voraussetzung sind mit Strom und Wasser erzeugte flüssige oder gasförmige Kraftstoffe.

Smart Grid: das intelligente Stromnetz (*grid* ist englisch für Gitter oder Raster) der Zukunft. Während bisher Grundlastkraftwerke permanent mit einer festen Leistung Strom erzeugen und Spitzenlastkraftwerke die erhöhten Tagesverbräuche abdecken, werden in Zukunft mehr und mehr ungleichmäßig energieerzeugende Anlagen wie Photovoltaik und Windkraft ans Netz gehen. Da immer nur so viel Strom im Netz sein kann, wie auch verbraucht wird, ist es notwendig, nicht permanente Verbraucher dann zuzuschalten, wenn ausreichend Strom erzeugt wird sowie Überschüsse automatisch zu speichern, um im Bedarfsfall wieder darauf zurückgreifen zu können. Dies alles geschieht in einem intelligent agierenden Stromnetz.

Smart-Meter-Gateway/iMSys: Mit der Errichtung einer PV-Anlage stattet der Messstellenbetreiber den Haushalt mit einem modernen digitalen Zweirichtungsstromzähler aus. Ein Smart-Meter-Gateway ist eine intelligente Kommunikationseinheit, die Stromzähler, Verbraucher, Stromerzeuger und das intelligente Stromnetz (Smart Grid) miteinander verbindet und kommunizieren lässt. Dieses intelligente Messsystem (iMSys) übermittelt alle 15 Minuten die Messdaten an den Netzbetreiber. Dadurch können Verbraucher so gesteuert werden, dass sie nur dann

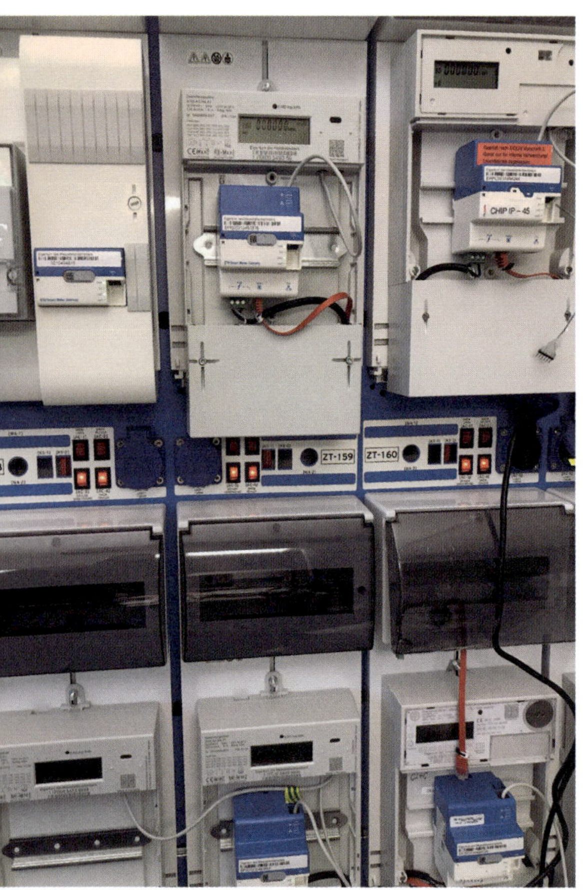

Im Zählerschrank oder Sicherungskasten ist in Zukunft häufig ein Smart-Meter-Gateway zu finden

Strom beziehen, wenn genug vorhanden ist. Zukünftig werden damit zunächst alle Haushalte mit einem Jahresstromverbrauch von über 6 000 Kilowattstunden oder mit PV-Anlagen, die größer als 7 Kilowatt-Peak sind, ausgestattet.

String: Die einzelnen Module einer PV-Anlage werden hintereinander verbunden und an einen Wechselrichter angeschlossen. Jeder dieser Modulstränge wird auch als String bezeichnet. Alle Module in einem String sollten einheitlich ausgerichtet sein, damit sie eine ähnliche Leistung erzielen.

Volleinspeisung/Überschusseinspeisung: Wer seinen erzeugten Strom nicht selbst verwendet, sondern komplett dem öffentlichen Netz zuführt, wird als Volleinspeiser bezeichnet.

Überschusseinspeiser (Prosumer) geben nur den erzeugten Strom ins Netz, der »übrig« ist und nicht dem Eigenverbrauch dient. Rein physikalisch gibt es keinen Unterschied zwischen beiden Varianten, da auch beim Volleinspeiser der Strom zunächst von den eigenen Verbrauchern abgenommen wird. Der Unterschied liegt einzig im Zählpunkt. Beim Volleinspeiser wird der PV-Strom vor dem Hausnetz ermittelt, beim Überschusseinspeiser erst dahinter.

Wechselrichter: das Herzstück der PV-Anlage. Der Wechselrichter wandelt den Gleichstrom, den die PV-Module erzeugen, in Wechselstrom um. Dieser bedient die elektrischen Verbraucher im Haus. Die meisten Wechselrichter sind mit einem Schattenmanagement ausgestattet und regeln so die Leistungserzeugung der Module, falls einige von Verschattung betroffen sind.

Wirkungsgrad: das Verhältnis zwischen der tatsächlich vorhandenen Energiemenge und der Energiemenge, die genutzt werden kann.

Zweirichtungszähler: digitaler Stromzähler, der sowohl den ins Netz gehenden Strom als auch den ins Haus fließenden Strom zählt. So werden Strombezugskosten und Einspeisevergütung ermittelt.

SOLL ICH
MICH FÜR EINE
PHOTOVOLTAIKANLAGE
ENTSCHEIDEN?

WAS SIND MEINE GRÜNDE FÜR DIE ANSCHAFFUNG EINER PV-ANLAGE?

Warum eigentlich Photovoltaik? Diese Frage lässt sich in Bezug auf den eigenen Mikrokosmos recht einfach beantworten: um Strom zu produzieren und diesen auch selbst zu verbrauchen. Aber im Gesamtkontext betrachtet, kommt dieser Technik noch eine viel größere Bedeutung zu: Sie hat auch in unseren Breitengraden fernab des Äquators eine zentrale Bedeutung für die Mammutaufgabe Energiewende. Schon heute werden fast 10 Prozent unseres Strombedarfs in Deutschland durch die Umwandlung von Sonnenlicht in elektrischen Strom erzeugt.

Der meiste PV-Strom wird im Sommer erzeugt, in den Wintermonaten sieht es dagegen oft mau aus - und das ist das große Problem der Photovoltaik in Deutschland. Während der sonnigen Jahreszeit könnte sich das Land in einem

Rund 10 Prozent des Strombedarfs in Deutschland werden heute schon durch Strom aus der Photovoltaik – wie hier mit einer Freiflächenanlage in Thüringen – erzeugt

späteren Stadium der Energiewende durchaus hauptsächlich mit Solarenergie versorgen. Hier bedarf es einzig Speichermöglichkeiten für überschaubare Zeiträume, nämlich die kurzen Sommernächte.

Im Winterhalbjahr liefert die Photovoltaik allerdings deutlich geringere Beiträge zur Energieversorgung. Das sieht in Äquatornähe ganz anders aus. Hier kann mit Photovoltaik und Batteriespeichern eine ganzjährige Versorgung sichergestellt werden. Deutschland setzt daher auf einen breiten Mix an Energiequellen. Hauptlieferant neben der Photovoltaik ist der Wind, der gerade im Winterhalbjahr mehr Energie produziert und sich so gut mit Photovoltaik ergänzt.

Zudem müssen wir die Stromversorgung heute und zukünftig nicht national, sondern mindestens kontinental betrachten. Die europäischen Länder versorgen sich über ein Verbundnetz gegenseitig mit Strom, Überschüsse werden exportiert, Bedarfe importiert. Aber auch in diesem großen Stromnetz müssen jederzeit genug Stromlieferanten vorhanden sein, um den Energiebedarf zu decken. Daher kommt dem Thema Langzeitspeicherung zukünftig eine große Bedeutung zu.

Deutschland setzt hierbei schwerpunktmäßig auf die Produktion von grünem Wasserstoff. Dieser kann unter anderem mit den PV-Überschüssen im Sommer produziert und bei Versorgungsengpässen im Winter über das Gasnetz zur Verfügung gestellt werden. So leistet die Photovoltaik auch einen wertvollen Beitrag zur Energieversorgung im Winter. Die Menge der Produktion erlangt somit eine größere Bedeutung als deren Zeitpunkt.

Was sind die überzeugendsten Argumente für die Photovoltaik?

Man hört sie nicht, man riecht sie nicht, man schmeckt sie nicht – PV-Module sind zwar auf den meisten Gebäudedächern zu sehen, aber sie bedeuten keine Beeinträchtigung unseres täglichen Lebens. Zudem werden die Module im Privatbereich meistens auf bereits versiegelten Flächen angebracht. Der Platzbedarf ist also auch zu vernachlässigen, ebenso die Auswirkung auf die Umwelt.

Strom aus PV-Anlagen ist gut planbar. Klingt merkwürdig, ist aber so. Denn nachts produziert keine PV-Anlage Strom, damit können die Stromversorger sicher rechnen. In den Sommermonaten wird außerdem rund zehnmal so viel Energie produziert wie im Winter.

Bevor die Planungen beginnen, das Dach begutachtet oder ein Haus gebaut wird, sollte also zunächst überlegt werden, warum der Bau einer PV-Anlage überhaupt in Betracht gezogen wird. Schließlich handelt es sich hier um eine große Veränderung, die auch von außen sichtbar ist. Zudem muss eine große finanzielle Investition getätigt werden, die wohl überlegt sein will. Fragen wie »Was werden die Nachbarn sagen?«, »Ist mein Haus (Dach) nach der Installation noch optisch ansprechend?« oder »Kann ich mir das überhaupt leisten? Lohnt sich das?« können aufkommen. Gute Gründe für den Bau einer PV-Anlage gibt es viele. Welcher davon überwiegt, muss jeder für sich selbst herausfinden.

Wir unterscheiden drei Ansätze:

Ökonomie (Der eigene Geldbeutel):

Soll sich meine PV-Anlage rechnen? Lohnt sich eine Investition in dieser Größenordnung überhaupt für mich? Ist mein Geld gut angelegt? Erfährt mein Haus dadurch sogar eine Wertsteigerung?

Wer seine PV-Anlage als reines Wirtschaftsgut betrachtet, möchte eine möglichst hohe Rendite erreichen. Es muss also genau abgewogen werden, wie hoch die Kosten sind und wie lange es dauert, bis sich die Anlage amortisiert hat, der Verlust also wieder wettgemacht ist. Der schnelle Euro ist mit Photovoltaik allerdings nicht zu machen. Die Anlagen sind auf langfristige Energieeinsparungen und eine höhere Unabhängigkeit von steigenden Energiepreisen ausgelegt. Unter zehn Jahren ist eine Refinanzierung heute kaum noch möglich. Wer sich gleich für eine große Anlage entscheidet, kann über die Jahre auch mit Gewinnen rechnen. Es darf also nicht nur der Zeitraum der Refinanzierung betrachtet werden, sondern auch der Gesamtgewinn am Ende der Lebensdauer der PV-Anlage. Beide Werte können je nach Anlage unterschiedlich sein.

Wer seine PV-Anlage gut plant und vernünftig dimensioniert, kann nach einigen Jahren durchaus mit Gewinnen rechnen

Ökologie (Umwelt/Ressourcen): Ist die Ökologie der Hauptgrund, stehen nachhaltige Energieerzeugung und Umweltschutz im Vordergrund. Wer den Klimawandel als größte Bedrohung auf diesem Planeten ansieht und seinen Kindern und Enkelkindern eine lebenswerte Zukunft bieten will, wird bei der Planung und Dimensionierung nicht nur aufs Geld schauen. Wichtiger ist, dass möglichst schnell und viel regenerativer Strom erzeugt wird – nicht nur zur höchstmöglichen Deckung des Eigenbedarfs, sondern auch zum Einspeisen in das öffentliche Stromnetz. Denn der Energiebedarf endet nicht an unserem Gartenzaun. Unser Konsum, unsere Arbeit und unsere Freizeit verlangen auch außerhalb der eigenen vier Wände nach sauberer Energie.

Nach neuesten Studien trägt eine heute produzierte PV-Anlage ihren CO_2-seitigen Rucksack nach eineinhalb bis drei Jahren ab und sorgt dann dafür, dass zukünftige PV-Module noch schneller von ihrer Klimabürde befreit werden. Ökologie bedeutet also, dass man nicht nur den eigenen CO2-Fußabdruck betrachtet und die PV-Anlage nur für den eigenen Bedarf plant. Nicht jedes Dach ist für Photovoltaik geeignet. Daher ist es ökologisch sinnvoll, auch die Nachbarn mit dem eigenen, sauberen Strom mitzuversorgen.

Autarkie (Unabhängigkeit): Wer sich über ständig steigende Energiepreise ärgert und möglichst wenig Strom aus dem öffentlichen Netz beziehen und stattdessen viel Energie selbst erzeugen will, also nach einen hohen Autarkiegrad strebt, wird seine Anlage wiederum ganz anders dimensionieren. Speicherlösungen und eine sichere Stromversorgung im Falle eines Stromausfalls sind hier ein wichtiges Thema. Man muss sich allerdings in unseren Breiten von dem Gedanken verabschieden, sich mit Photovoltaik komplett autark versorgen zu können. Denn wenn die Solarmodule am wenigsten Strom liefern - im Winter -, verbrauchen wir in langen und kalten Nächten die meiste Energie.

Hier gilt das Pareto-Prinzip, das auch 80-zu-20-Regel genannt wird. Es besagt, dass 80 Prozent eines Effekts mit 20 Prozent Aufwand, also relativ einfach, erreicht werden können. Für die fehlenden 20 Prozent ist dann ungleich mehr Einsatz, nämlich 80 Prozent, erforderlich.

Genauso verhält es sich mit der Autarkie durch die Photovoltaik: 80 Prozent Unabhängigkeit vom öffentlichen Stromnetz (über das komplette Jahr betrachtet) sind bei idealer Ausrichtung der PV-Module und einer entsprechenden Anlagengröße gut zu erreichen. Für die restlichen 20 Prozent sind Aufwand und Kosten meistens nicht mehr verhältnismäßig. In diesem Fall ist Autarkie nicht mehr sinnvoll darstellbar. Dann braucht es das öffentliche Stromnetz, das diese Versorgungslücke schließen kann.

UNSER TIPP

Bevor Anlagen geplant, Solateure gesucht und Angebote verglichen werden, sollte jeder in sich hineinhorchen und sich fragen, wo die Prioritäten liegen. Welcher der Gründe spricht hauptsächlich für den Bau einer PV-Anlage? Oder ist es doch eine Mischung aus zwei oder allen dreien? Danach richtet sich auch die weitere Vorgehensweise.

WO KANN ICH MEINE PV-ANLAGE INSTALLIEREN?

Ausrichtung

Ob ein Dach für den Bau einer PV-Anlage überhaupt geeignet ist, hängt von vielen Faktoren ab. Besonders wichtig ist die Ausrichtung des Daches, also die Himmelsrichtung. Zu Beginn des Solaranlagen-Baubooms wurden nur Dächer belegt, die in Richtung Süden zeigten, weil die Technik damals noch sehr teuer war und nur hohe Erträge eine vernünftige Rendite versprachen.

Heute sieht die Sache ganz anders aus. Anlagen, die in Richtung Osten und Westen aufgeteilt sind, bringen ebenfalls reiche Erträge. Dafür sprechen gleich mehrere Gründe: eine günstigere und verbesserte Technik, mit der die Module das einfallende Sonnenlicht effizienter in Strom umwandeln sowie ein höherer Eigenverbrauch, weil die Ost- und West-Module am Morgen früher und am Abend länger Leistung bringen. Außerdem kann bei einer Ost-West-Ausrich-

Heute werden nicht nur Dächer, die in Richtung Süden zeigen, mit PV-Modulen belegt, sondern alle Himmelsrichtungen in Betracht gezogen

tung das komplette Dach belegt werden. Reine Nordseiten sind auch heute nur bei geringer Neigung für die Eigenstromproduktion sinnvoll nutzbar.

Neben der Himmelsrichtung spielt auch die Dachneigung eine wichtige Rolle. Der Winkel, mit dem die Sonnenstrahlen auf die Module fallen, beeinflusst den Ertrag. Und so können sogar flache Norddächer wirtschaftlich sinnvoll mit Photovoltaik belegt werden, wenn der Winkel stimmt und nicht zu steil ist – zum Beispiel auf einem Carport.

Schatten

Nicht jedes Dach liegt immer in der Sonne, im Gegenteil: Oft werfen Bäume auf dem Grundstück oder in der Nachbarschaft Schatten auf einzelne Module oder sorgen sogar dafür, dass eine Anlage zeitweise komplett im Dunkeln liegt. Hinzu kommen häufig »Störobjekte« wie Schornsteine, Antennen oder Lüftungsrohre. Diese sorgen ebenfalls für dunkle Stellen auf dem Dach.

Nicht jedes Dach liegt dauerhaft in der Sonne. Oft sorgen Bäume zu bestimmten Tages- oder Jahreszeiten für eine Teil- oder Komplettverschattung.

Nicht jedes Dach ist zur Stromerzeugung geeignet. Sind die Schatten vor allem im normalerweise ertragreichen Sommer zu intensiv, sollte zumindest von einer Vollbelegung abgesehen werden. Schatten, die nur im Winter auftreten, sind dagegen nicht so folgenschwer, da zu dieser Jahreszeit die Erträge nicht so hoch sind und die Verluste sich somit – auf den Gesamtertrag bezogen – in Grenzen halten. Für den Autarkiegrad sind Winterverschattungen allerdings nachteilig. Jede nicht produzierte Kilowattstunde verringert das erhoffte Ziel, möglichst unabhängig vom öffentlichen Stromnetz zu sein.

Um einen Totalausfall bei Teilbeschattung zu verhindern, gibt es unterschiedliche Techniken:

Wechselrichter mit Schattenmanagement

An diese Geräte werden die Solarmodule hintereinander in Reihe an zwei oder drei Strings angeschlossen. In der Anfangszeit der Photovoltaik bestimmte noch das schlechteste Modul die Leistung des kompletten Strings. Heute überwacht der Wechselrichter die Leistung und kann über Bypassdioden einzelne verschattete Module überbrücken und so für eine höhere Leistung der in der Sonne liegenden Module sorgen. Hierbei gilt: Je länger die Strings sind, also je voller das Dach ist, desto besser arbeitet das Schattenmanagement und kann so auch noch für gute Erträge sorgen, wenn ein Drittel aller verbundenen Module verschattet ist.

Einzelmodulsteuerung mit Optimierern

Die Alternative ist, dass jedes einzelne Modul separat gesteuert wird und somit alle Module immer ihre optimale Leistung bringen können. Das ist bei stärkeren Verschattungen das effektivere System gegenüber dem Schattenmanagement des Wechselrichters. Allerdings muss bei dieser Lösung an jedes oder jedes zweite Modul (Einzel-/Doppeloptimierer) ein elektronischer Optimierer verbaut werden. Das kostet Geld und kann störanfällig sein. Vorteil: Man kann jedes Modul einzeln (zum Beispiel am Computerbildschirm) überwachen und sieht sofort, wenn eins nicht korrekt arbeitet.

Auch ein bewölkter Himmel führt zu Ertragsverlusten. An einem eher durchwachsenen Sommertag liegt die Energieerzeugung einer PV-Anlage etwa bei einem Viertel bis einem Fünftel im Vergleich zu einem »perfekten« Sonnentag. Eine vernünftig geplante PV-Anlage deckt aber auch dann noch problemlos den Tagesbedarf an Strom.

Im Abschnitt »Welche Komponenten sind die richtigen?« wird auf das Thema »Lichtverhältnisse« genauer eingegangen.

Ein nahezu unverschattetes Satteldach mit Südausrichtung sollte möglichst voll mit Photovoltaik belegt werden.

Installationsort

Der beste Platz für eine PV-Anlage ist in vielen Fällen das Hausdach, denn dort steht häufig die größte Fläche zur Verfügung.

Neben dem klassischen Satteldach, gehören auch Walmdächer, Schleppdächer oder auch Flachdächer dazu.

Die Beschaffenheit und der Zustand des Daches spielen eine große Rolle. Ist das Dach schon in die Jahre gekommen und wurden bei der Errichtung sogar giftige Stoffe (zum Beispiel Asbest) verwendet, die bei einer Bearbeitung freigesetzt würden, kann der Traum von der eigenen PV-Anlage schnell zum Albtraum werden. Die Entsorgung ist ein heikles und oft kostenintensives Thema, bei dem viele Vorsichtsmaßnahmen getroffen und Vorschriften beachtet werden müssen.

ACHTUNG: Ein Dach, in dem gesundheitsschädliches Asbest verbaut wurde, sollte unbedingt von einer Fachfirma saniert werden.

Auch Dächer, die ihren Zenit überschritten haben und bei denen abzusehen ist, dass sie erneuert werden müssen, sollen erst nach oder im Zuge der Sanierung mit PV-Modulen belegt werden.

Bei der Planung zu berücksichtigen sind auch Störobjekte wie Lüftungen, Dachfenster, Antennen oder Schornsteine. Letztere werfen im ungünstigen Fall oder bei bestimmten Sonnenständen teilweise lange Schatten auf das Dach. Vor allem Satellitenschüsseln sollten, wenn möglich, an einen anderen Ort auf dem Dach oder an eine Hauswand versetzt werden. Dies ist in der Regel ohne großen Aufwand möglich.

Belegung von Doppel- und Reihenhäusern

Für Doppel- und Reihenhausdächer sehen die Landesbauordnungen gesonderte Vorschriften vor. Aus Brandschutzgründen muss hier ein Abstand von Nachbardach von 1,25 Metern eingehalten werden. In einigen Ländern gibt es Ausnahmen für Module, die beidseitig mit Glas beschichtet sind. Hier kann der

Auf Walmdachhäusern können oft drei oder sogar alle vier Dachflächen sinnvoll belegt werden.

Auch Flachdächer sind für Photovoltaikanlagen geeignet – hier spielt die Statik eine wichtige Rolle.

Abstand auf einen halben Meter verkürzt werden. Diese Module müssen aber den dafür bestimmten DIN-Normen entsprechen. In jedem Fall empfiehlt es sich, vorab mit dem Solateur Rücksprache zu halten, die nötigen Informationen bei der zuständigen Bauaufsicht einzuholen oder einen Blick in die aktuelle Landesbauordnung zu werfen. Vor allem für Mittelreihenhäuser ist diese Verordnung ein großes Problem. Die meistens nur vier bis fünf Meter breiten Dächer sind durch diese Verordnung für Photovoltaik oft nahezu ungeeignet.

Flachdächer

Ausschlaggebend für die Errichtung einer PV-Anlage auf einem Flachdach ist die Statik. Diese muss vor der Beauftragung geprüft werden. Idealerweise werden Flachdach-anlagen in geschlossenen Modulfeldern errichtet. Diese müssen dann nur an den äußeren Rändern ballastiert werden, an denen die Statik nicht kritisch ist.

Die Ausrichtung der Module kann in Südrichtung (steil aufgeständert) oder Ost-West-Richtung mit kleinerem Neigungswinkel erfolgen. Die Entscheidung obliegt dem Betreiber, möglich ist beides. Jedoch ist zu bedenken, dass bei einer steileren Südausrichtung zwar die Erträge der einzelnen Module höher sind, dafür aber weniger Fläche genutzt werden kann. Grund: Die Modulreihen müssen einen entsprechenden Abstand haben, um sich bei flacher stehender Sonne nicht gegenseitig zu verschatten. Bei Ost-West-Ausrichtung kommen besagte geschlossene Modulfelder zur Anwendung, mit denen auch die komplette Fläche genutzt werden kann und die für eine geringere Ballastierung sorgen, da sie durch ihre Bauform schon windabweisend sind.

Genauso gut geeignet für Photovoltaik wie Hausdächer sind aber auch Carports, Garagen, Gartenhäuschen oder Terrassenüberdachungen. Für Letztere gibt es bereits relativ lichtdurchlässige PV-Module. Hier muss allerdings drauf geachtet werden, dass die montierten Module in puncto Sicherheit besondere Anforderungen erfüllen. Hier müssen Glas-Glas-Module mit Verbundglas-Eigenschaften eingesetzt werden. Grund: Bei Glasbruch wird so verhindert, dass größere Bruchstücke zu Boden fallen können.

Auf Flachdächern können die Module in Ost-West-Richtung (siehe Foto) oder (steil aufgestellt) in Richtung Süden ausgerichtet werden

Photovoltaik kann auch an Balkongeländern, Zäunen, Fassaden oder auf freien Flächen installiert werden. Man sollte bei der Planung der eigenen Anlage solche Flächen von vornherein mit einbeziehen. Bei auch im Winter schattenfreien Südfassaden und -zäunen sorgt gerade die steile Ausrichtung für sehr hohe Erträge, weil die Module in einem sehr guten Winkel zur flach stehenden Sonne stehen.

Balkonkraftwerke

Äußerst beliebt bei Einsteigern, aber auch bei erfahrenen PV-Anlagenbesitzern sind die sogenannten Balkonkraftwerke (BKW). Diese bestehen aus einem oder mehreren Modulen, die am Balkon befestigt oder an jeder anderen beliebigen Stelle angebracht oder aufgestellt werden. Dazu gesellt sich ein kleiner Mikrowechselrichter. Diese Balkonkraftwerke sind heutzutage bequem bestellbar und als Gesamtpaket zum Beispiel im Onlinehandel oder bei Balkonkraftwerk-Vertrieben erhältlich.

Der Vorteil: Mit relativ wenig Aufwand kann kostengünstig sofort Strom produziert werden, denn vom Wechselrichter geht es direkt in die Steckdose im Haus oder in der Wohnung. Bis zu einer Größe von 600 Watt darf laut Bundesnetzagentur ein Balkonkraftwerk selbst installiert werden. Die Watt-Angabe bezieht sich dabei auf die Wechselrichterleistung – die Module selber können auch mehr Spitzenleistung bringen.

Diese Überdimensionierung der Module macht durchaus Sinn, da die Spitzenleistung nur selten erreicht wird und zu allen anderen Zeiten mehr Energie erzeugt wird. Allerdings gilt hier mehr als bei den großen Dachanlagen, die Leistung der Module an den Eigenverbrauch anzupassen. Wenn tagsüber nur wenige Verbraucher eine geringe Leistung abrufen, muss man sich fragen, ob zwei oder mehr Module nicht schon übertrieben sind. Denn alle Energie, die nicht selbst direkt verbraucht wird, wird dann zum Nulltarif ins Netz eingespeist.

Viele Balkonmodule werden mit herkömmlichen Steckern verkauft. Allerdings sieht die Bundesnetzagentur für den Anschluss eine spezielle Einspeisesteckdose vor, die zwischen Stecker und Haussteckdose geschaltet wird und von einer Elektrofachkraft installiert werden muss.

Die Gesetzestexte sind an vielen Stellen ungenau oder unterschiedlich auslegbar. Es gibt also zwei Wege zur Eigenstromproduktion mittels »Stecker-Solarmodul«:

Klein, aber oho: Balkonkraftwerke sind einfach zu montieren, liefern sofort Strom, unterliegen aber auch einigen Bestimmungen

Möglichkeit 1: Ein Modell mit ganz normalem Stecker kaufen, gut befestigen und einstecken und schon startet die Produktion. Dann heißt es, sich am langsamer laufenden Stromzähler zu erfreuen und zu hoffen, dass niemand etwas davon mitbekommt. Denn bei herkömmlichen Stromzählern kann es im Zweifelsfall passieren, dass der Zähler sich auch rückwärts dreht, wenn Strom ins Netz eingespeist wird. Dass das rechtlich nicht ganz einwandfrei sein kann, sollte sich jedem erschließen.

Möglichkeit 2: Man informiert den Netzbetreiber, lässt sich eine Einspeisesteckdose installieren, meldet das BKW dem Netzbetreiber und meldet es zudem im Marktstammdatenregister an. In diesem Fall entgeht man einem möglichen Bußgeld wegen des Umgehens der Meldepflicht.

Wer Mieter oder Teil einer Wohnungseigentumsgesellschaft ist, sollte sich die Zustimmung des Vermieters oder der Eigentümergesellschaft einholen. Ein Blick in den Mietvertrag ist hilfreich, wenn es um das Anbringen und Befestigen von Gegenständen oder anderen Dingen am Balkon geht und dadurch vielleicht sogar bauliche Veränderungen vorgenommen werden müssten.

Die Bundesnetzagentur empfiehlt des Weiteren, bei der Anbringung von Balkonmodulen auf eine sichere Befestigung zu achten, sodass auch bei starkem Wind ein sicherer Halt garantiert ist.

Wer mit einem oder mehreren Balkonmodulen zunächst klein anfängt und später auf eine »richtige« PV-Anlage erweitert (oder umgekehrt: Die große Anlage ist schon da, und das Balkongeländer soll mitgenutzt werden), sollte Folgendes bedenken: In diesem Fall wird das Balkonmodul wie eine richtige PV-Anlage behandelt. In der Regel erhöht das Balkonmodul die eingespeiste Strommenge, wenn es mehr produziert, als im Haushalt verbraucht wird. Und da die Überschüsse beider Anlagen über einen Zähler laufen, werden auch die Überschüsse des Balkonmoduls mit der Einspeisevergütung verrechnet. Man könnte beide Anlagen über separate Zähler laufen lassen. Beides ist nicht empfehlenswert, da der Aufwand in keinem Verhältnis zum Ertrag steht.

Wer zur Miete wohnt, muss die Installation am Balkon oder an der Fassade mit seinem Vermieter absprechen

MIT WELCHEN ERTRÄGEN KANN ICH RECHNEN?

Wer wissen möchte, wie viel Leistung nach der Installation der PV-Anlage vom eigenen Dach kommt, kann eine Ertragsprognose erstellen. Wir empfehlen hierfür das »Photovoltaic Geographical Information System« (PVGIS) der Europäischen Kommission (siehe Kapitel »Weiterführende Links« am Ende des Buches). Auch die meisten Installateure erstellen eine Ertragsprognose.

Folgende Faktoren spielen für die Ertragsprognose eine Rolle:

Die geografische Lage: Nicht an jedem Ort scheint die Sonne gleich. Wetter, Einstrahlwinkel, Sonnenscheindauer und -intensität sind regional sehr unterschiedlich. Das PVGIS sammelt seit über 20 Jahren Daten aus diesem Bereich und lässt sie in die Berechnung einfließen.

Die installierte PV-Leistung: Die Angabe erfolgt in Kilowatt-Peak (kWp). Je mehr Module installiert werden, desto mehr Strom wird produziert - eine ganz einfache Rechnung.

Der Neigungswinkel des belegten Daches: Angabe zwischen 0 Grad (absolutes Flachdach) und 90 Grad zum Beispiel bei Balkonmodulen, die senkrecht am Balkongeländer oder an der Fassade montiert werden. Häufige Dachneigungen auf Hausdächern sind 30 Grad bis 45 Grad.

Die Abweichung der Module von der Südausrichtung (Azimut): Hier gelten für reine Südausrichtung ohne Abweichung 0 Grad, Westen 90 Grad, Norden 180 Grad und Osten -90 Grad. Eine Südausrichtung mit leichter Drehung nach Osten um 10 Grad wird folglich mit -10 Grad bezeichnet.

Mit diesen Werten kann eine monatsgenaue Ertragsprognose erstellt werden, allerdings ohne die Berücksichtigung einer Verschattung der Anlage zu bestimmten Zeiten.

Für unsere 12-kWp-Flachdachanlage im Norden Hamburgs ergeben sich laut dem PVGIS folgende Werte:

Ein nahezu perfektes Dach ist in einem Winkel von 30 bis 35 Grad in Richtung Süden ausgerichtet und hat wenig oder keine Störobjekte, die Schatten werfen könnten

Anzahl Module	Gesamt kWp	Himmels-richtung	Azimut	Neigungs-winkel	Geschätzter Jahresertrag
22	6	Ost	-65	10	5289 kWh
22	6	West	115	10	4855 kWh
44	12	Ost-West			10144 kWh

Um unterschiedlich große PV-Anlagen und ihre Leistung vergleichen zu können, wird der spezifische Ertrag ermittelt. Hierfür wird der PV-Ertrag durch die Anlagengröße geteilt. Dadurch ergibt sich die PV-Leistung pro installiertem Kilowatt-Peak.

Bei uns wären das laut PVGIS:

Jahresertrag (Prognose)	10 144 kWh
Anlagengröße	12 kWp
Spezifischer Ertrag	841 kWh/kWp

Tatsächlich hatten wir im Jahr 2020 aber lediglich einen Gesamtertrag von 8 877 Kilowattstunden und daraus resultierend einen spezifischen Ertrag von 738 kWh/kWp.

Im Jahr 2021 war unsere Stromausbeute sogar noch magerer. Hier kamen wir auf ganze 7 791 Kilowattstunden und somit auf einen spezifischen Ertrag von 646 kWh/kWp.

Vom theoretisch möglichen Jahresertrag unserer PV-Anlage von 10 144 Kilowattstunden sind wir – mit zwei großen Bäumen in der direkten Nachbarschaft – also meilenweit entfernt. Hier ist deutlich zu sehen, dass auch die Verschattung mit einberechnet werden muss. Und diese ist bei uns extrem. Schon im August werden die ersten Module bereits mittags verschattet. Ab Oktober liegt unser Dach ab Mittag komplett »im Dunkeln«. Aber trotz dieser extrem schlechten Situation erzielen wir immer noch 80 Prozent der zu erwartenden Erträge. Bei unverschatteten Dächern kann die Prognose auch in der Realität erwartet werden.

Für Schattenanalysen gibt es andere Programme. Eine Verschattungsanalyse ist komplex und sollte vom Installateur durchgeführt werden. Wer Zeit und Lust hat, kann sich aber auch selber die Mühe machen und den Schattenverlauf auf seinem Dach verfolgen. Steht ein großer Baum auf dem Grundstück oder in der Nachbarschaft, oder befinden sich Störobjekte auf dem Dach? Fotos vom Schattenverlauf oder eine Skizze können für die weiteren Planungen und Gespräche mit dem Solateur vorteilhaft und in jedem Fall hilfreich sein.

Notizen

Notizen

PLANUNG MEINER PHOTOVOLTAIKANLAGE

Die Planung einer maßgeschneiderten PV-Anlage ist nicht nur Sache des Installateurs. Bevor die ersten Gespräche stattfinden, sollte die eigene Lebens- und Wohnsituation analysiert werden. Je mehr Vorkenntnisse vorhanden sind, desto zufriedenstellender verläuft das Gespräch mit dem Installateur, desto besser können Angebote eingeschätzt werden und desto sicherer fühlt man sich im Umgang mit technischen Details und Prognosen.

WIE HOCH IST MEIN STROMVERBRAUCH?

Um zu wissen, wie groß die PV-Anlage werden soll, muss zunächst ein Verbrauchsprofil erstellt werden. Ein Blick auf den Stromzähler ist dabei unerlässlich. Wie viel Strom verbrauche ich pro Jahr? Was zahle ich dafür? Gibt es unterschiedliche Tarife? Beziehe ich eigentlich richtigen Ökostrom? Auch eine Dokumentation über einen längeren Zeitraum kann hilfreich sein.

Ein wichtiger Punkt sind die Stromverbraucher im Haus. Welche Geräte sind vorhanden? Was haben diese für Energieklassen? Stehen Neuanschaffungen an? Brauchen wir wirklich zwei Wäschetrockner, oder reicht einer? Werden in naher oder ferner Zukunft Änderungen in diesem Bereich vorgenommen? Ist ein E-Auto für die Mobilität vorhanden oder geplant? Ist ein Durchlauferhitzer für die Warmwasseraufbereitung oder eine Wärmepumpe als Heizung angedacht? Sorgen im Haus Klimageräte für ein angenehmes Wohnumfeld? Wie viel Strom benötigen die üblichen Haushaltsgeräte wie Computer, Fernseher, Küchengeräte, Waschmaschinen und Trockner? Zu welcher Tages- und Nachtzeit wird der meiste Strom benötigt? Sind bestimmte Geräte (zum Beispiel Spülmaschine) programmierbar und könnten dadurch auch zu anderen Tageszeiten laufen?

Um zu wissen, welche Geräte im Haus wann und vor allem wie viel Strom verbrauchen, ist eine Dokumentation sinnvoll

Wer nicht genau weiß, wie viel Strom die eigenen Haushaltsgeräte tatsächlich verbrauchen, kann dies mithilfe eines Energiekostenzählers herausfinden. Hierbei handelt es sich um einen speziellen Stecker, der zwischen Geräte-netzstecker und der Anschlusssteckdose geschaltet wird.

Wir haben für uns ermittelt, welcher Verbraucher in unserem Haus – vom E-Auto einmal abgesehen – die meiste Energie verbraucht. Das Ergebnis war für uns ein wenig überraschend: Während Fernseher oder Spülmaschine eher sparsam sind, kam der Stromzähler bei der Zirkulationspumpe unserer Heizung richtig auf Touren.

Die Pumpe läuft in der Heizperiode von Oktober bis Mai durchgängig und verbraucht permanent 40 Watt. Das ist ziemlich genau 1 Kilowattstunde am Tag oder 250 Kilowattstunden im Jahr. Man muss dazusagen, dass diese Pumpe – wie unsere Gasheizung auch – bereits 20 Jahre alt ist. Heutige Geräte sind intelligent an den Leistungsbedarf anpassbar und benötigen auch wesentlich weniger Energie.

Zur groben Orientierung fügen wir hier eine Liste mit gängigen Haushaltsverbrauchern und deren täglichem Stromverbrauch ein. Es wird schnell deutlich: Überall, wo Wärme erzeugt wird, ist ein hoher Spitzenstromverbrauch vorhanden.

Ganz wichtig ist auch der Blick in die Zukunft: Wie wird das Verbrauchsprofil in fünf, zehn oder 20 Jahren aussehen? Ändern sich die familiären Verhältnisse? Kleine Kinder werden größer und brauchen mehr Strom! Dann verlassen sie irgendwann den Haushalt – der Strombedarf nimmt wieder deutlich ab.

Auch die berufliche Situation kann und wird sich ändern. Steht vermehrt Arbeiten von zu Hause an? Wird der Beruf in absehbarer Zeit aus Altersgründen oder durch andere vorhersehbare Umstände aufgegeben – was kommt danach?

Eine PV-Anlage plant man in Generationen. Dreißig Jahre und mehr werden die heutzutage meist in Schwarz gehaltenen Platten auf dem eigenen Dach Strom erzeugen. Über diesen langen Zeitraum kann sich viel an den eigenen Lebens- und Wohnverhältnissen ändern. Dabei gilt es immer zu bedenken, dass der Trend auch in den Bereichen Mobilität und Wärme hin zu elektrisch betriebenen Verbrauchern geht.

Verbraucher	Spitzenleistung	Verbrauch pro Tag
Waschmaschine	2 kW	0,7 kWh
Spülmaschine	2 kW	1 kWh
Wäschetrockner	4 kW	2 kWh
Durchlauferhitzer	24 kW	10 kWh
E-Auto	11 - 22 kW	20 kWh / 100 km
Fön (verschiedene Stufen)	400 - 1000 W	0,15 kWh
Toaster	1 kW	0,25 kWh
Fernseher	100 W	0,5 kWh
LED-Lampe	10 W	0,1 kWh
Herdplatte	2 kW	0,7 kWh
Backofen	2 kW	0,7 kWh
Kaffeemaschine	1 kW	0,2 kWh
Staubsauger	1 kW	1 kWh
Bügeleisen	1 kW	0,5 kWh
Kühlschrank	150 W	0,3 kWh

Die Arbeit im Homeoffice führt zu einem erhöhten Stromverbrauch. Wenn kleine Kinder größer werden, steigt ihr Stromverbrauch ebenfalls

WICHTIGER BAUSTEIN DER ENERGIEWENDE: SEKTORENKOPPLUNG

Beispielhaft sollen an dieser Stelle ein paar Zahlen genannt werden, die einen Eindruck davon vermitteln, was es bedeutet, Mobilität und Wärme auch im Eigenheim auf strombasierte Energiequellen umzustellen und für sich die Sektorenkopplung zu vollziehen.

Die Sektorenkopplung ist die energetische Zusammenführung der energieverbrauchenden Bereiche Wohnen, Mobilität und Wärme

Der deutsche Durchschnittshaushalt im klassischen Eigenheim verbraucht rund 4 000 Kilowattstunden Strom pro Jahr. Um einen Überblick zu erhalten, lohnt in der PV-Planungsphase ein Blick auf die Stromabrechnung des vergangenen Jahres.

Wenn irgendwann die Entscheidung gefallen ist, auch elektrisch unterwegs sein zu wollen, gesellen sich ein oder mehrere E-Autos zu den Hausverbrauchern. Je nach Größe und Effizienz sollte hier inklusive der Ladeverluste mit einem Verbrauch von 15 bis 25 Kilowattstunden je 100 Kilometern gerechnet werden. Wer also eine jährliche Fahrleistung von 15 000 Kilometern hat, der sollte mit einem zusätzlichen Strombedarf von 3 000 Kilowattstunden rechnen. Mit dem E-Auto verdoppelt man den eigenen Bedarf also nahezu.

Wird auch die Wärmeerzeugung auf Strom umgestellt, beispielsweise in Form einer zurzeit (Stand: 2022) vom Staat hoch geförderten Wärmepumpe, darf noch einmal mit einem Mehrbedarf von 3 000 bis 4 000 Kilowattstunden gerechnet werden. Leider ist der Strombedarf im Wärmebereich genau antizyklisch zur Energieproduktion der PV-Anlage. Das bedeutet: Die PV-Anlage liefert im Sommer viel Strom, die Heizung benötigt diesen aber eher im Winter.

Gerade in der Übergangszeit, also in den Monaten März oder Oktober, kann die Solaranlage große Teile der Wärmeproduktion abdecken. Eine Alternative zu Wärmepumpen, die auch gut mit einer Fußbodenheizung harmonieren, sind für einzelne Räume auch Split-Klimageräte oder Infrarotheizungen. Eines haben aber alle drei Varianten gemeinsam: Sie benötigen Strom.

Die drei Sektoren Hausbedarf, Mobilität und Wärme können in einem Durchschnittshaushalt also grob gerechnet in etwa gleich große Bereiche aufgeteilt werden. Zur Mobilität haben wir die Verbrauchswerte schon an anderer Stelle genannt. Auch beim Thema Heizen lässt sich grob ermitteln, welcher Energiebedarf beim Umstieg auf eine Wärmepumpe entstehen wird. Ein Kubikmeter (m^3) Gas beinhaltet genauso wie 1 Liter Heizöl rund 10 Kilowattstunden Energie. Bei einem Verbrauch von 2 000 Litern Heizöl oder 2 000 Kubikmeter Erdgas wird also eine Heizenergie von 20 000 Kilowattstunden benötigt. Das klingt nach sehr viel. Aber das Prinzip der Wärmepumpe sieht vor, dass der größere Teil der Energie aus der Umgebungswärme gezogen wird und der kleinere Teil aus elektrischer Energie hinzugefügt werden muss.

Je nach regionalen klimatischen Bedingungen macht eine Wärmepumpe aus 1 Kilowattstunde Strom 3 bis 4 Kilowattstunden Wärmeenergie. Somit werden in unserem Beispiel nicht 20 000 Kilowattstunden Strom verheizt, sondern nur etwa 5 000 bis 6 000 Kilowattstunden.

Auch wir vollziehen bereits die Sektorenkopplung in unserem Eigenheim. Elektrisch fahren wir seit 2016, und unsere erste PV-Anlage ist aus dem Jahr 2018. Unsere Gastherme ist zudem in die Jahre gekommen und wird störanfälliger. Aus

Eine moderne Wärmepumpe arbeitet effizient und kann die alte Gas- oder Ölheizung ersetzen

diesem Grund wird demnächst eine Wärmepumpe einziehen und die Gasheizung aus dem Keller verdrängen.

Unser jährlicher Gasverbrauch liegt bei 2 000 Kubikmetern pro Jahr. Allerdings berücksichtigen wir bei der Dimensionierung der Wärmepumpe zusätzliche Sanierungsmaßnahmen an unserer Immobilie. Zu diesem Zweck arbeiten wir mit einem Energieberater zusammen, der uns einen individuellen Sanierungsfahrplan (ISFP) erstellt hat. Mit den darin angegebenen Maßnahmen soll unser Heizbedarf um rund 20 Prozent gesenkt werden.

Diese Sanierungsmaßnahmen und auch der Wechsel der Heizung von Gas zu

Strom werden vom Staat finanziell gefördert. Es lohnt sich also, über den Tellerrand zu schauen und sich mit dem Thema energetische Sanierung zu befassen. Die Energiepreise werden in den nächsten Jahren vermutlich weiter steigen.

Wie hat sich also unser Stromverbrauch entwickelt? Als Zweipersonenhaushalt in einem 120 Quadratmeter großen Haus haben wir zu Beginn 3 200 Kilowattstunden jährlich verbraucht. Mit unserem E-Auto hat sich der Betrag um 1 400 Kilowattstunden für rund 10 000 Kilometer im Jahr erhöht. Kommt die Wärmepumpe noch dazu - wir rechnen mit einem jährlichen Strombedarf von 4 000 Kilowattstunden -, sind wir in der Summe bei rund 9 000 Kilowattstunden. Das bedeutet eine Verdreifachung des ursprünglichen Wertes.

Das zeigt, welch große Herausforderung die Energiewende für uns bedeutet. Denn nicht nur die Privathaushalte werden nach und nach auf Strom umstellen, auch die Industrie und der öffentliche Sektor sollen diesen Weg gehen. Der erhöhte Strombedarf ist zudem ein wichtiger Wegweiser für die zukünftige Größe von PV-Anlagen und deren technische Entwicklung. Nicht ohne Grund erweitern wir unsere Anlage für den Betrieb der Wärmepumpe noch einmal um 8,5 Kilowatt-Peak. Wir sind sicher: Es wird sich lohnen!

WIE GROSS SOLL MEINE PV-ANLAGE SEIN?

Hier gibt es mehrere Möglichkeiten und Stufen:

1. Klein anfangen: Um die ersten Erfahrungen mit Photovoltaik zu sammeln, kann zunächst ein Balkonkraftwerk mit ein paar wenigen Modulen installiert werden. Mit dem Ertrag kann ein Teil der Grundlast abgedeckt werden.

Vorteile: geringe Kosten, wenig Aufwand und in der Regel eine einfache Bedienung.

Nachteile: Großverbraucher können in der Regel nicht oder nur anteilig mit Strom versorgt werden. Die Speicherung des eigenen Stroms ist nur mit einem hohen technischen Aufwand möglich. Somit besteht der Eigenverbrauch nur aus dem Direktverbrauch. Alles, was zeitlich versetzt verbraucht wird, muss aus dem Netz bezogen werden. Und alles, was nicht direkt verbraucht wird, wird wiederum ins Netz eingespeist - in der Regel ohne eine Gegenleistung, weil ohne Einspeisevergütung. Man verschenkt hier den Strom an den Netzbetreiber.

Mit einer kleinen PV-Anlage kann zumindest ein Teil der Grundlast im Haus abgedeckt werden

2. Den Eigenverbrauch abdecken: Wer es etwas größer haben möchte, plant eine PV-Anlage mit mehreren Kilowatt-Peak. Ein Richtwert kann dabei der eigene Jahresstromverbrauch sein: Wer 3 000 Kilowattstunden im Jahr verbraucht, schafft sich eine Anlage in der Größe von 3 Kilowatt-Peak an.

Vorteile: Ein großer Teil des Stroms wird dabei direkt verbraucht, es besteht also ein hoher Eigenverbrauchsanteil, und das bedeutet augenscheinlich auch eine schnelle Refinanzierung.

Nachteile: In den Monaten mit geringer werdender Sonneneinstrahlung (ab Oktober bis März) wird zu wenig Strom erzeugt, sodass dann sehr viel Strom aus dem öffentlichen Netz bezogen werden muss.

Auch gilt es zu bedenken, dass eine kleine PV-Anlage in Relation mehr kostet als eine große. Denn es gibt gewisse Einmalkosten, die sowieso anfallen, wie das Stellen eines Gerüsts, die Anlagenplanung, Transportwege und, und, und. Daher gilt: Der spezifische Anlagenpreis je Kilowatt-Peak sinkt mit der Größe der Anlage. Dieses Prinzip gilt auch für die Größe eines Speichers. Auf das Thema Stromspeicher kommen wir an anderer Stelle im Buch noch ausführlich zu sprechen.

3. Große Anlage bauen und »Dach vollmachen«: Wer von vornherein eine große PV-Anlage plant, kann nicht nur viel Eigenbedarf abdecken, sondern speist auch Strom ins öffentliche Netz ein und stellt somit regenerativ erzeugten Strom für alle zur Verfügung. Wir nennen diese Vorgehensweise »das Dach (sinn-)voll belegen«. Was meinen wir damit? Alle Dachflächen, die ertragreich sind, werden voll belegt. Das Wort »ertragreich« bedarf allerdings einer genaueren Betrachtung. Wir meinen damit, dass die Dachfläche aufgrund ihrer Ausrichtung so viel Strom produziert, dass die Belegung sich mit einem relativ geringen Eigenverbrauch und einer großen Einspeisemenge selbst trägt. Denn je größer die Anlage, desto mehr Strom wird vor allem im Sommer eingespeist. Diese Überdimensionierung dient also zu 85 Prozent der Einspeisung. Dabei muss aber auch mitberechnet werden, dass die besser ausgerichteten Dachflächen auch günstiger werden, je größer die Anlage wird.

Ein Beispiel: Ein Süd-West-Dach wird mit 10 Kilowatt-Peak voll belegt. Die Kosten dafür belaufen sich auf 15 000 Euro. Das Nord-Ost-Dach wird wegen der schlechteren Ausrichtung nicht berücksichtigt und bleibt leer. Entscheidet man sich aber doch für die Belegung beider Dachseiten, werden es in der Summe 20 Kilowatt-Peak zum Preis von nun 22 000 Euro. Somit fällt der Preis für die Vollbelegung des Süd-West-Dachs um 4 000 auf 11 000 Euro. Auch wenn das Nord-Ost-Dach für sich gesehen nicht wirtschaftlich ist, kann sich dieser Makel durch die Verbesserung beim Süd-West-Dach ausgleichen.

Wer sich gleich eine große PV-Anlage auf das Dach setzen lässt, muss nur einmal für die Bereitstellung des Baugerüstes zahlen

Vorteile der Belegung beider Dachflächen: ausreichend Strom für den Eigenverbrauch, auch in den Übergangsmonaten, und bessere Abdeckung des Verbrauchs im Winter.

Nachteile: höhere Investitionskosten und größerer Aufwand. Der Anteil der für eher kleines Geld eingespeisten Strommenge ist deutlich höher als der lukrative Eigenverbrauchsanteil.

Auch wir haben die Erfahrung gemacht, dass der finanzielle Aufwand für eine größere PV-Anlage zunächst abschreckt. Wir sind im Jahr 2018 mit einer Anlage von 8,64 Kilowatt-Peak gestartet. Dazu wurde ein Stromspeicher mit 9,3 Kilowattstunden nutzbarer Kapazität verbaut. Schon im ersten Winter mussten wir feststellen, dass unser Speicher wenig zu tun hatte. Bis Oktober sah das alles gar nicht schlecht aus, aber dann kamen die Monate November bis Februar, und es gab viele Tage, an denen kein einziges Watt vom Dach in unseren Speicher floss.

Der Grund: Der komplette Strom vom Dach wurde für den Hausverbrauch verwendet. Es gibt im Winter bei uns Tage, an denen unsere PV-Anlage nur 1 Kilowattstunde produziert, obwohl nicht einmal Schnee auf dem Dach liegt. Der Speicher mit seiner Steuerung ist aber ein elektrisches Gerät, das - wie zum Beispiel ein Fernseher oder andere Haushaltsgeräte - Strom für den Grundbetrieb benötigt. Und diesen hat sich unser Reservetank kurzerhand aus dem Netz gezogen. Auf unsere Kosten.

Im darauffolgenden Sommer haben wir unsere Anlage um weitere 3,42 Kilowatt-Peak erweitert und damit die maximale Größe gewählt, die noch an unseren Wechselrichter anschließbar war. Günstiger wäre es sicher gewesen, von vornherein das Dach vollzumachen. Aber das wussten wir zum damaligen Zeitpunkt noch nicht.

So wie wir werden auch viele andere PV-Anlagenbetreiber nach dem ersten Winter zum »Wiederholungstäter«, weil sie mehr Power vom Dach wollen - vielleicht auch, um ihr neues E-Auto mit eigenem Strom zu laden.

Wer sich ein E-Auto anschafft, wird nämlich schnell feststellen, welch gutes Gefühl es ist, wenn das Auto mit dem selbst produzierten Strom vom Dach »betankt« wird. Die Fahrt zur Arbeit oder in den Urlaub ist dann nicht nur besonders nachhaltig, sondern auch unschlagbar günstig - und das nicht nur im Sommer, sondern auch in den Frühlings- und Herbstmonaten und sogar an Tagen, an denen die Sonne nicht immer scheint.

UNSER TIPP

Wer sich eine PV-Anlage anschaffen möchte, sollte auch einen Blick in die Zukunft werfen. Kommt die Sektorenkopplung, also das elektrisch betriebene Fahren und das Heizen mit Strom, infrage? Dann sollten gleich alle für Photovoltaik geeigneten Flächen in Betracht gezogen werden.

Bei der Planung sollten gleich alle für Photovoltaik geeigneten Flächen in Betracht gezogen werden

WAS IST BEI WELCHER PV-ANLAGEN-GRÖSSE ZU BEACHTEN?

Wichtige Argumente für oder gegen eine bestimmte Anlagengröße können auch Gesetze, Grenzen, Regelungen und Bestimmungen sein. Folgende Größen und Schwellenwerte sind aktuell (Stand: Juli 2022) für PV-Anlagenbetreiber relevant:

7 Kilowatt-Peak:

Gebäude, die mehr als 7 Kilowatt-Peak Photovoltaik-Leistung auf dem Dach haben oder mehr als 6 000 Kilowattstunden im Jahr aus dem Netz beziehen, werden zukünftig verpflichtend mit einem sogenannten Smart-Meter-Gateway ausgestattet, das im viertelstündlichen Takt die Stromflussdaten an den zuständigen Netzbetreiber übermittelt. Es handelt sich dabei um eine elektronische Kommunikationseinheit, die zusammen mit einem intelligenten Stromzähler das Intelligente Messsystem bildet. Dieses ist für den Aufbau des Smart Grid - eines intelligenten Stromnetzes - unerlässlich. In diesem werden Verbraucher, die nicht zwingend zeitgebunden laufen müssen, dann bedient, wenn es aus Sicht des Stromnetzes am günstigsten ist. So kann zum Beispiel das E-Auto dann geladen werden, wenn es Stromüberschüsse gibt, natürlich so, dass es sich dann im gewünschten Ladezustand befindet, wenn es verfügbar sein muss.

10 Kilowatt-Peak:

PV-Anlagen bis 10 Kilowatt-Peak erhalten eine Einspeisevergütung von 8,2 Cent pro Kilowattstunde. Ist die Anlage größer, werden die Teile über 10 Kilowatt-Peak bis 40 Kilowatt-Peak mit 7,1 Cent und über 40 Kilowatt-Peak mit 5,9 Cent vergütet. Die Einspeisevergütung von PV-Anlagen über 10 Kilowatt-Peak wird als Mischvergütug nach den jeweiligen Anteilen ermittelt. Eine 20 Kilowatt-Peak Anlage erhält so z.B. 7,65 Cent. 10 Kilowatt-Peak der PV-Anlage werden mit 8,2 Cent vergütet und 10 Kilowatt-Peak mit 7,1 Cent. Diese Vergütungssätze sind für das Jahr 2023 festgesetzt. Erst ab 2024 sinkt die Einspeisevergütung für neue PV-Anlage halbjährlich um 1 Prozent.

25 Kilowatt-Peak:

Ab dieser Größenordnung ist ein zusätzliches Bauteil vorgeschrieben, das dem Stromnetzbetreiber ermöglicht, diese Anlage im Falle einer Netzüberlastung fernzusteuern und die Menge an Strom, die ins öffentliche Netz eingespeist wird, stufenweise oder komplett zu drosseln. Diese rund 300 Euro teure Steuerungseinrichtung nennt sich Rundsteuerempfänger, wird aber mit Einführung der Smart-Meter-Gateways abgelöst, die diese Funktionalität dann übernehmen.

30 Kilowatt-Peak:

Normale Hausanschlüsse in Deutschland sind auf 30 Kilowatt beschränkt. Wer deutlich darüber hinaus bauen möchte, sollte im Vorfeld der Planungen mit seinem Netzbetreiber klären, welcher technische Aufwand für eine Vergrößerung des Hausanschlusspunktes betrieben werden muss. Hier kann es zu hohen Zusatzkosten kommen.

Für PV-Anlagen unter 30 Kilowatt-Peak ist die Anwendung einer steuerlichen Vereinfachung möglich. Wird dies beim Finanzamt beantragt, fällt zumindest die Ertragssteuer (siehe Kapitel 4 »Formalien«) bei dieser Größenordnung weg. Wählt man dann noch die Kleinunternehmerregelung, hat man nichts mehr mit dem Finanzamt zu tun.

UNSER TIPP

Da Gesetze und Regelungen, wie beispielsweise das EEG, in unregelmäßigen Abständen aktualisiert, aufgehoben oder angepasst werden, lohnt sich ein Blick in das Internetportal des Bundesministeriums für Wirtschaft und Klimaschutz (BMWK) oder auf die Internetseite »Erneuerbare-Energien-Gesetz«. Die Weblinks dazu sind am Ende des Buches zu finden.

WELCHE KOMPONENTEN SIND DIE RICHTIGEN?

Module

Deutschland war vor wenigen Jahrzehnten noch Weltmarktführer bei der Produktion von PV-Modulen. Mit dem 1 000-Dächer-Programm in den 1990er-Jahren und vor allem mit der Verabschiedung des Erneuerbare-Energien-Gesetzes im Jahr 2000 startete in Deutschland ein wahrer Boom der Technik, die ihre Anfänge im Raumfahrtprogramm der 1960er-Jahre hatte.

In der Anfangszeit waren die damals noch blauen Platten exorbitant teuer und im Privatbereich daher eher selten zu finden. Vorwiegend Landwirte nutzten die neue Kapital-Anlagemöglichkeit auf ihren Ställen und Hallen. Wer damals (oft in sechsstelliger Höhe) in die noch sehr neue und unbekannte Technik investierte, der hat diese Investition heute gleich mehrfach wieder hereingeholt.

Die Module wurden in der Folgezeit günstiger und eroberten in der zweiten Hälfte der »Nullerjahre«, also zwischen 2005 und 2009, auch die privaten Hausdächer. 2009 wurde dann auch der Eigenverbrauch des selbst produzierten Stroms ermöglicht – vorher gab es ausschließlich Volleinspeise-Anlagen. Zwischen 2009 und 2012 wurde der Eigenverbrauch sogar vergütet. Es gab also nicht nur für das Einspeisen, sondern auch für den Eigenverbrauch eine Prämie.

Um eine befürchtete Überförderung zu vermeiden, zog die deutsche Bundesregierung 2013 allerdings rigoros die Reißleine und ließ die Einspeisevergütung deutlich absinken. Die Goldgräberstimmung war vorbei, über 100 000 Installateure verloren ihren Job, und die Industrie wanderte in andere Länder ab, vor allem nach Asien – und dort hauptsächlich nach China. Das wirtschaftlich aufstrebende Riesenreich hatte die Vorteile dieser Technik erkannt und versorgte die Welt von da an mit immer günstiger werdenden Solarmodulen.

Heute gibt es im asiatischen Raum eine ganze Reihe von Herstellern von PV-Modulen, aber auch wieder vermehrt in Deutschland. Bei der Modulauswahl sind schon äußerlich Unterschiede zu erkennen. Auf manchen Dächern schimmern die Module blau im Sonnenlicht, andere wiederum sind schwarz.

Heute werden fast ausschließlich monokristalline Halbzellenmodule verbaut. Diese Art von Modulen hat eine hervorragende Ausbeute bei Diffuslicht, wenn also die Sonne nicht scheint und der Himmel diesig oder bewölkt ist. Das heute rund 400 Watt leistende Standardmodul ist 1,75 mal 1,15 Meter groß, wiegt rund 20 Kilogramm und ist in 60 einzelne Zellen oder – durch Teilung – in 120 Halbzellen aufgeteilt. In letzterem Fall handelt es sich folglich um Halbzellenmodule.

Neben der Leistungsangabe eines Moduls sind auch andere Kriterien für die Auswahl wichtig:

Die Optik: Gerade im Neubaubereich wird auf eine harmonische Integration der Module auf dem Dach geachtet. Hier kommen sehr häufig komplett schwarze

Schwarze PV-Module auf einem schwarzen Dach fallen kaum auf

Module zum Einsatz. Bei diesen sind nicht nur die Zellen in Schwarz gehalten, sondern auch der Aluminiumrahmen um die Modulschichten herum.

Diese Schichten bestehen aus einer Glasscheibe mit einer Schutzfolie darunter. In der Mitte kommen die Solarzellen selbst, darunter befindet sich erneut eine Schutzfolie, und abgeschlossen wird das Modul entweder durch eine erneute Glasscheibe oder eine Folie. Die doppelt verglasten Module – daher auch Glas-Glas-Module genannt – haben durch ihre höhere Stabilität eine leicht erhöhte Lebenserwartung und entsprechen zudem auch eher den DIN-Vorschriften im Bereich Brandschutz, was gerade bei Doppelhaushälften und Reihenhäusern wichtig werden kann.

Relativ neu auf dem deutschen Markt sind außerdem sogenannte Indach-PV-Anlagen. Bei dieser Bauart werden die Module in das Dach integriert und ersetzen die Dachziegel.

Bei Indach-Anlagen sind die PV-Module ins Dach integriert

Vor allem für Neubauten und Dächer mit einem Neigungswinkel zwischen 20 und 50 Grad sind Indach-Anlagen geeignet.

Die Lieferkette: Bei den Solarmodulen kommt es auch sehr auf den Herstellungsort an. Europäische und insbesondere deutsche Produkte kommen ohne weltumspannende Lieferwege aus. Bei Importen gilt es aber, genau hinzusehen: Wenn die Einzelteile - womöglich auch noch einzeln verpackt - den weiten Weg rund um den halben Globus zurücklegen und erst vor Ort zusammengeschraubt werden, wirkt sich das negativ auf die Ökobilanz aus.

Die Garantie: Wichtig sind die Garantien, die auf Module vergeben werden. Bei der Funktionalität sind dies meist zehn Jahre, bei den Leistungsgarantien werden Leistungen von 80 Prozent auch nach 25 Jahren gewährleistet. Generell traut man heutigen PV-Modulen eine brauchbare Leistungserzeugung von 30 und mehr Jahren zu. Im Gegensatz zu gesetzlichen Gewährleistungen werden die Garantien von den Herstellern freiwillig abgegeben.

Wechselrichter

Der Strom, den die Module vom Dach liefern, ist Gleichstrom. Dieser kann im Haus aber nicht verwendet werden, da alle unsere elektrischen Geräte mit Wechselstrom arbeiten. Daher ist neben den Modulen auch ein Wechselrichter nötig, der diesen Gleichstrom in Wechselstrom umwandelt. Hier gibt es zahlreiche Systeme, die sich in Größe, Funktionalität und Effizienz unterschieden.

Der klassische Wechselrichter: Dieser hat nur die Aufgabe, den vom Dach kommenden Gleichstrom in den im Haus verwendeten Wechselstrom umzuwandeln. Die meisten Modelle haben zwei MPP-Tracker, mit denen die Module in zwei Strings aufgeteilt werden können. Diese Strings arbeiten unabhängig voneinander und können somit auch in zwei verschiedene Richtungen ausgerichtet werden. Die in einem String zusammengeschalteten Module sollten aber alle dieselbe Ausrichtung haben. Wenn man ein Ost-West-Dach belegen möchte, kann man das also mit einem entsprechend groß dimensionierten Wechselrichter tun. Da eine Ost-West-Anlage keine solche Leistungsspitze hat wie eine Süd-Anlage, kann der Wechselrichter in seiner Leistungsaufnahme auch kleiner gewählt werden als die Peak-Leistung der Module. Bei modernen Wechselrichtern kann das um den Wert 1,5 sein. Beispiel: Bei einer 15 Kilowatt-Peak großen PV-Anlage reicht dann ein 10 Kilowatt großer Wechselrichter.

Der Hybridwechselrichter: Er ist das Mittel der Wahl, wenn auch ein Stromspeicher angeschlossen werden soll. Die Bezeichnung »hybrid« bedeutet, dass dieser Strommanager nicht nur das Haus mit Wechselstrom versorgt, sondern auch einen an ihn angeschlossenen Speicher. Hier wird der Strom allerdings nicht mehr umgewandelt, sondern direkt als Gleichstrom in den Speicher weitergeleitet. Gespeichert wird Strom immer als Gleichstrom. Daher arbeiten Hybridwechselrichter effizienter als separate Speicherwechselrichter.

Ein separater Speicherwechselrichter: Dieser wird hinter dem PV-Wechselrichter angeschlossen. Hierbei kommt es zu mehrfachen Wandlungen, bis der Strom vom Dach schließlich im Speicher landet. Daher ist diese Art der Stromspeicherung nicht so effektiv. Mit jeder Wandlung wird Energie in Wärme umgewandelt. Diese Art der Speicheranbindung ist sinnvoll, wenn zum Beispiel eine Bestandsanlage um einen Speicher erweitert werden soll und der Wechselrichter nicht getauscht wird. Wenn der Speicher von einer externen Quelle wie einem Blockheizkraftwerk oder einer Brennstoffzelle gespeist wird, bietet sich dieses System ebenfalls an.

Wechselrichter ohne MPP-Tracker: Sie arbeiten anders als herkömmliche Wechselrichter. Bei diesen Modellen wird das Leistungsoptimum nicht über den kompletten String ermittelt, sondern durch an jedem oder jedem zweiten Modul verbaute Leistungsoptimierer. Der Wechselrichter selbst hat dann nur noch die Aufgabe der Stromwandlung, und jedes Modul erbringt zu jeder Zeit die optimalen Erträge. Dieses System eignet sich bei mehreren verschiedenen Ausrichtungen und bei schwierigen Schattensituationen.

Mikrowechselrichter: Diese »Minis« werden hauptsächlich für Balkonkraftwerke eingesetzt. Hier steuert der Wechselrichter nur ein oder zwei Module. Der Strom wird direkt am Modul in Wechselstrom umgewandelt. Es gibt auch Hersteller, die dieses System für große PV-Anlagen anbieten. Dies empfiehlt sich bei vielen Ausrichtungen oder schwierigen Schattensituationen.

Bei Mikrowechselrichtern und Leistungsoptimierern ist zu beachten, dass diese Technik etwas kostenintensiver und fehleranfälliger ist. Fehler können durch die Einzelmodulüberwachung (zum Beispiel am Computer-Bildschirm) schnell erkannt werden.

UNSER TIPP

Wir empfehlen, das System so einfach wie möglich zu halten. Gibt es nur eine oder zwei Dachflächen und liegen diese auch über weite Teile des Jahres in der Sonne, dann reicht ein normaler MPPT-Wechselrichter oder mit Speicher ein entsprechendes Hybridmodell. Ist die Situation auf dem Dach kompliziert (viele Ausrichtungen, Gauben und Einzelmodule), dann bieten sich Mikrowechselrichter oder Leistungsoptimierer an.

Die verschiedenen Komponenten müssen zusammenpassen. Oft bieten Installateure Produktkombinationen an, mit denen sie gute Erfahrungen gemacht haben. Es ist sinnvoll, sich vorher eine Übersicht zu verschaffen, welche Wechselrichter gut mit welchen Modulen oder Speicherlösungen harmonieren.

Es ist auf jeden Fall nicht notwendig, dass Module, Wechselrichter und Speicher von derselben Marke sind.

Ein Wechselrichter wandelt den Gleichstrom vom Dach in Wechselstrom für den Hausgebrauch um

STROMSPEICHER

Wenn wir mit der Energiewende verstärkt auf wetterabhängige Stromerzeuger wie Windkraft und Photovoltaik setzen, dann kommen wir nicht umhin, Strom auch zwischenzuspeichern. Dann können Verbraucher auf regenerativ erzeugten Strom zurückgreifen, auch wenn wenig Energie produziert oder geliefert wird.

Auch wenn sich Wind und Sonne sehr gut ergänzen und für eine - über das Jahr betrachtet - relativ gleich verteilte Strommenge sorgen, gibt es Phasen, in denen zu viel Energie erzeugt wird, und Phasen, in denen die Direktproduktion nicht zur Versorgung ausreicht.

Daher wird die Steigerung der Produktion der erneuerbaren Energien von der Entwicklung und vom Ausbau diverser Speichertechnologien für die unterschiedlichsten Anforderungen begleitet.

In der Schifffahrt, im Flugverkehr und im Industriebereich wird zukünftig vermehrt auf Wasserstoff gesetzt. Dieser soll mit Überschüssen aus Sonne und Wind hergestellt werden. Aufgrund der hohen technischen Anforderungen und des aktuell noch sehr niedrigen Wirkungsgrades wird der grüne Wasserstoff auch als »Champagner der Energiewende« bezeichnet. Seine Herstellung ist sehr kostenintensiv und sollte nur dort eingesetzt werden, wo andere Speichermöglichkeiten ausfallen.

Im Gegensatz zu Pkw, die in Zukunft vermehrt elektrisch betrieben werden, wird in der Schifffahrt und im Flugverkehr auf Wasserstoff und synthetische Kraftstoffe gesetzt

Günstiger verhält es sich mit Batteriespeichern, auch wenn hier der Materialaufwand problematisch ist. Für 1 Kilowattstunde Batteriespeicher werden rund 10 Kilogramm verschiedenster Stoffe verbaut. Die ersten Batterien, die vor rund 200 Jahren von Alessandro Volta entwickelt wurden, bestanden aus Zink und Kupfer. Es folgten Akkus mit den Hauptbestandteilen Bleisäure, Lithium und Eisenphosphat.

Probleme gibt es unter anderem beim Abbau der Rohstoffe, denn in einigen Ländern werden die wertvollen Materialien unter kritischen Arbeitsbedingungen gewonnen.

Aber auch bei der Entsorgung der Akkus läuft noch nicht alles optimal. Batterien, die nicht recycelt, sondern achtlos im Hausmüll entsorgt werden, schädigen Natur und Menschen gleichermaßen.

Allerdings entwickelt sich mit zunehmender Produktion von Batterien auch eine Industrie, die sich mit der Wiederaufbereitung der wertvollen Stoffe befasst. Den Material- und Rohstoffkreisläufen wird in der Zukunft eine wesentlich größere Bedeutung zukommen. Eine Batterie, die heute produziert wird, wird in 20 Jahren zu 90 Prozent recycelt werden und dann zu einer neuen Batterie wiederverarbeitet, die eine 100 Prozent höhere Effizienz erzielt. Somit liefern die heute abgebauten Rohstoffe in ihrer zweiten Verwertungsphase eine wesentlich höhere Kapazität.

Das Auto als Speicher?

Die Möglichkeit, das Auto als Speicher zu verwenden, rückt zudem immer mehr in den Fokus. E-Autos, die mehr und mehr unser Straßenbild prägen, besitzen große Akkus, um akzeptable Reichweiten anbieten zu können.

Da unsere Autos im Durchschnitt rund 22 Stunden am Tag stehen, könnten die über weite Teile des Tages brachliegenden Speicherkapazitäten zukünftig gleich mehrere wertvolle Funktionen für die Energiewende erfüllen.

Vorrangig dient das Auto als Energiereservoir für unsere Mobilität. Aber wenn das Fahrzeug nicht genutzt wird und steht, kann es Stromüberschüsse aufnehmen, Minderkapazitäten ergänzen oder einfach als Heimspeicher für die Versorgung des eigenen Hauses dienen – den Strom also wieder abgeben. Die meisten privaten Pkw stehen nachts vor der eigenen Haustür. Und die meisten Haushalte benötigen in der Nacht eine Energiemenge, die einer Reichweite von 30 Kilometern entspricht.

Technisch ist die Nutzung des Autos als Hausspeicher relativ einfach umzusetzen. Das bidirektionale Laden ist aber aktuell (Stand: Juli 2022) gesetzlich noch nicht geregelt und wird von Autoherstellern und Netzbetreibern noch nicht angeboten.

Beim Thema stationäre Heimspeicher gehen die Meinungen weit auseinander. Für viele ist der Akku im Keller oder Hauswirtschaftsraum ein hilfreiches Gerät, um tagsüber produzierten Strom in der Nacht verwenden zu können und dadurch möglichst unabhängig vom öffentlichen Stromnetz zu sein. Oft hört man Sätze wie »Eine

Stationäre Batteriespeicher im Haus können den überschüssigen Strom speichern und bei Bedarf jederzeit wieder abgeben

PV-Anlage macht doch ohne Speicher gar keinen Sinn mehr, seitdem die Einspeisevergütung so stark gesunken ist« und »Ich verkaufe doch meinen Strom nicht tagsüber für ein paar Cent und kaufe ihn dann nachts teuer wieder zurück«.

Diese Gedankengänge sind durchaus nachvollziehbar. Dem stehen aber immer noch hohe Investitionskosten, der enorme Ressourcenverbrauch und zudem ein eingeschränkter technischer Nutzen gegenüber.

Daher ist die richtige Dimensionierung des Stromspeichers besonders wichtig, um ihn effizient und vor allem wirtschaftlich zu betreiben. Aufgrund der jahreszeitlich bedingt unterschiedlichen Produktionsmenge der PV-Anlage und umgekehrt der unterschiedlich hohen Strombedarfe der Haushalte lässt sich ein Heimspeicher nur über einen sehr kurzen Zeitraum im Jahr effektiv nutzen.

Im Sommer erzeugt die PV-Anlage viel Energie, aber die Nacht ist kurz. Daher wird der Speicher oft nicht leer. Im Winter ergibt sich das umgekehrte Bild: Vom Dach kommt deutlich weniger Strom, der Speicher will einfach nicht voll werden, und die Nächte sind lang.

UNSER TIPP

Wer sich für einen Heimspeicher entscheidet, sollte seinen Stromverbrauch im März oder Oktober von Sonnenuntergang bis Sonnenaufgang am Stromzähler ablesen. Dies ist die Zeit, in der genug Energie vom Dach kommt, um den Speicher regelmäßig zu füllen, und genug verbraucht wird, um ihn ebenso fortlaufend nachts wieder zu entleeren. So wird die Batterie vernünftig dimensioniert!

Leider wussten wir das vor der Anschaffung unserer Anlage nicht. Wir haben damals einen Stromspeicher mit 9,3 Kilowattstunden passend zur Größe unserer PV-Anlage angeschafft. Resultat: Im Sommer verbrauchen wir nachts kaum 2 Kilowattstunden, daher ist der Speicher morgens noch zu 75 Prozent gefüllt. Im Winter verbrauchen wir tatsächlich rund 9 Kilowattstunden in der Nacht, aber leider kommt an den meisten Tagen nicht genug vom Dach, um den Speicher zu füllen. In der Übergangszeit liegt unser Nachtverbrauch bei 5 bis 6 Kilowattstunden. Das wäre die richtige Größe für unseren Speicher gewesen.

Fazit: Eine große PV-Anlage ist für den sinnvollen Ganzjahresbetrieb eines Stromspeichers wichtig.

Wirtschaftlichkeit des Stromspeichers:

Kommen wir noch einmal zurück zu der These, tagsüber den Strom billig einzuspeisen und nachts teuer zurückzukaufen. Hier werden Äpfel mit Birnen verglichen! Der eingespeiste Strom wird mit dem reinen Strompreis vergütet. Der Kraftwerksbetreiber erhält auch nicht mehr dafür. Auf dem zurückgekauften Strom liegen aber Steuern und Abgaben, die einen Großteil des Strombezugspreises ausmachen.

Grob lässt sich der Strompreis in drei Kategorien einteilen:

- Stromproduktion und Handel. Hierin enthalten ist der Einkaufspreis für den Strom sowie die Gewinnmarge für den Energieversorger, der den Strom an den Endkunden verkauft. Dieser Punkt macht rund 40 Prozent des Strompreises aus und ist vergleichbar mit der Einspeisevergütung.
- Gesetzlich festgelegte Kosten für den Netz- und Messbetrieb. Rund 20 Prozent des Strompreises werden durch die Netzentgelte und Zählergebühren, die an den Netzbetreiber fließen, bestimmt.
- Steuern, Abgaben und Umlagen. Die letzten 40 Prozent des Strompreises entfallen auf Steuern, Abgaben und Umlagen. Umsatz- und Stromsteuer sind hier genauso enthalten wie Konzessionsabgaben und mehrere Umlagen. Die bekannteste dieser Umlagen, die EEG-Umlage zur Finanzierung der Energiewende, ist übrigens im Juli 2022 abgeschafft worden.

Die Schlussfolgerung, dass man seinen Strom tagsüber billig an den Netzbetreiber abgibt oder gar verschenkt und abends teuer zurückkaufen muss, ist so also nicht ganz zutreffend. Hier muss unterschieden werden zwischen dem Verteilnetzbetreiber, der für den Betrieb des örtlichen Niederspannungsstromnetzes verantwortlich ist und dafür Sorge trägt, dass immer ausreichend Strom in diesem Netz zur Verfügung steht. Die Stromrechnung stellt hingegen das Energieversorgungsunternehmen, das den Strom an der Börse oder an den Spotmärkten einkauft und mit Gewinn an die Endkunden weiterverkauft.

Möchte man einen Stromspeicher wirtschaftlich betreiben, müssen mehrere Faktoren bedacht werden. Der Ausgangspunkt ist der Anschaffungspreis des Speichers. Daraus ergibt sich die Strommenge, die der Stromspeicher in seiner von Experten mit 15 bis 20 Jahren bezifferten Lebenserwartung zur Verfügung stellen muss, um seine Investition durch den vermiedenen Netzbezug zu egalisieren.

Hierbei muss berücksichtigt werden, dass von jeder Kilowattstunde, die wir aus der PV-Anlage in den Speicher laden, nur ein gewisser Anteil wieder herausgeholt werden kann. Zehn bis 20 Prozent der eingespeicherten Energie werden in Wärme umgewandelt oder vom Speichersystem selbst als Energie verbraucht und gehen so für die Wirtschaftlichkeit verloren.

Nun könnte man also sagen, dass jede eingespeicherte Kilowattstunde zu 85 Prozent 1 Kilowattstunde aus dem Stromnetz erspart. Aber hier muss noch die entgangene Einspeisevergütung berücksichtigt werden. Denn ohne Speicher wäre der eingespeicherte Strom ja eingespeist worden. Im Endeffekt erspart jede ausgespeicherte Kilowattstunde also nur den Preis für eine aus dem Netz bezogene – minus die Einspeisevergütung und die Wirkungsverluste. Und es kommt noch schlimmer: In den ersten fünf Jahren müssen auf den eigenverbrauchten Strom auch noch Steuern gezahlt werden. Mehr dazu im Kapitel »Formalien«.

So einfach lässt sich die Wirtschaftlichkeit eines Stromspeichers also nicht darstellen. Wenn man nicht ein extremes Stromverbrauchsprofil hat, bei dem auf den Speicher nicht nur in der Nacht, sondern auch tagsüber zurückgegriffen wird, benötigt ein Heimspeicher bei heutigen Preisen noch eine ordentliche finanzielle Förderung, um wirtschaftlich betrieben werden zu können.

Ein Rechenbeispiel für die Wirtschaftlichkeit von Stromspeichern:

Der Jahresstromverbrauch liegt bei 4000 Kilowattstunden. Das macht in den Nächten im März und Oktober rund 10 Kilowattstunden. Also wird nach unserer Faustformel ein 10-Kilowattstunden-Speicher beschafft. Dieser kostet rund 8000 Euro. Dieser Betrag muss nun wieder erwirtschaftet werden.

Die Kilowattstunde aus dem Speicher erspart uns also den Strombezugspreis von hier angenommenen 35 Cent minus der Einspeisevergütung von 8,2 Cent (Anlagengröße bis 10 kWp) (Stand: 2022). Bleiben also noch 26,8 Cent übrig.

In den ersten fünf Jahren werden zudem noch Steuern auf den Eigenverbrauch gezahlt (siehe Kapitel »Formalien«). Diese liegen – auf 20 Jahre hochgerechnet – bei 1,4 Cent pro Kilowattstunde. Schon sind wir nur noch bei einer Ersparnis von 25,4 Cent. Und davon wird noch der Speicherverlust von 15 Prozent abgezogen. Es verbleiben 21,59 Cent. Jede aus dem Speicher bezogene Kilowattstunde spart uns also 21,59 Cent.

Wie viel Strom lässt sich im Jahr aus solch einem Speicher beziehen? Aus Gesprächen, Studien und unserer eigenen Erfahrung heraus sind 200 Vollzyklen, also 200-mal die maximale Kapazität des Speichers, pro Jahr möglich. Voraussetzung ist eine vernünftig dimensionierte, also nicht zu kleine PV-Anlage mit der passenden Speichergröße.

In der Summe ergeben sich so 2000 Kilowattstunden pro Jahr. Das macht multipliziert mit unserem errechneten Strompreis immerhin 431,80 Euro. Das ist ein sehr guter Wert. In diesem Fall hätte sich der Speicher, den wir mit einem Anschaffungspreis von 8000 Euro notiert haben, in 18,5 Jahren amortisiert. Das ist eine lange Zeit für ein elektrisches Gerät …

Wie sieht es im Vergleich um die Wirtschaftlichkeit unseres eigenen Speichers aus? Wir haben ein Modell mit nutzbaren 9,3 Kilowattstunden. Im vergangenen Jahr haben wir gerade einmal 1 050 Kilowattstunden aus dem Speicher entnommen. Dazu muss allerdings gesagt werden, dass wir unseren Stromverbrauch rigoros auf den Direktverbrauch aus der Photovoltaik getrimmt haben. Das bedeutet: Aus dem Speicher wird nur verbraucht, was unbedingt notwendig ist – zum Beispiel die nächtliche Grundlast, wenn die PV-Anlage keinen Strom erzeugt.

Unser Strompreis lag 2021 bei 27,55 Cent. Unsere Einspeisevergütung beträgt 11,79 Cent, und der Wirkungsgrad des Speichers liegt bei ernüchternden 75 Prozent. Dies liegt zum einen daran, dass wir ein wechselstromseitig angeschlossenes System haben, bei dem zusätzliche Wandlungsverluste hinzukommen. Zum anderen wird der Speicher durch unseren geringen Nachtverbrauch nur minimal gefordert, was die Effizienz natürlich nicht erhöht.

Die Kilowattstunde aus unserem Speicher ist also gerade einmal 11,82 Cent wert. Somit haben uns die 1 050 Kilowattstunden aus dem Speicher lediglich 124 Euro erspart – bei einem Einkaufspreis des Speichers von 8 000 Euro im Jahr 2018. Unser Speicher würde also mehr als 60 Jahre benötigen, um sich zu amortisieren. Reden wir nicht drüber – unser Speicher ist verglichen mit unserem Verbrauchsprofil absolut überdimensioniert. Wir betrachten ihn mittlerweile eher als Hobby, er macht uns viel Spaß.

Fassen wir also noch einmal die entscheidenden Faktoren für die Wirtschaftlichkeit von Stromspeichern zusammen: Ein niedriger Einkaufspreis in Verbindung mit der richtig gewählten Speichergröße, ein hoher Strompreis, niedrige Einspeisevergütung, eine große PV-Anlage, ein hoher Wirkungsgrad und ein hoher Stromverbrauch sorgen dafür, dass sich ein Batteriespeicher in Verbindung mit einer PV-Anlage schneller rechnet.

Unabhängigkeit (Autarkie):

Hier sind Speicher unerlässlich und wichtig. Je weniger Strom aus dem öffentlichen Netz benötigt wird, desto höher ist der Autarkiegrad. Es gibt Spezialisten, die es schaffen, mit E-Auto und Wärme aus Strom mittels Wärmepumpe, Split-Klimagerät oder Infrarotheizung deutlich über 50 Prozent des Energiebedarfs ohne Speicher direkt aus der Photovoltaik zu decken. Aber für größtmögliche Unabhängigkeit ist eine physikalische Speicherung des Stroms unerlässlich. Hierbei ist aber zu beachten, dass der Beitrag des Stromspeichers zum Autarkiegrad maßgeblich von der Größe der PV-Anlage und den anderen Großverbrauchern abhängt.

Ist die PV-Anlage nämlich zu klein dimensioniert, kann es passieren, dass sich Wärmeerzeuger und E-Auto die magere PV-Ausbeute in den Wintermonaten komplett aneignen und für den Speicher nichts mehr übrig bleibt. Theoretisch könnte man den Speicher sogar im November bei entsprechendem Ladestand abschalten und im Frühjahr wieder aus dem Winterschlaf erwecken. Wie voll der Speicher für die Überwinterung sein sollte, kann aus dem Datenblatt entnommen oder beim Hersteller erfragt werden.

UNSER TIPP

Wer auf Ökologie und Ökonomie Wert legt, sollte auf jeden Fall zunächst in ein »volles Dach« investieren und erst dann Geld für einen Speicher zurücklegen. Wenn hohe Unabhängigkeit das Ziel ist, sind Stromspeicher und große PV-Anlage ein Muss.

Wer in einen eigenen Stromspeicher investiert, sollte sich auf dem Markt genau umschauen. Neben der Kapazität, also der Speichergröße, gibt es weitere Kriterien, die es zu beachten gilt.

Im Fall der Fälle: Ersatzstrom und Notstrom

Notstrom: Im Falle eines Netzausfalls kann über eine oder mehrere Notstromsteckdosen Strom direkt aus dem Speicher bezogen werden.

Achtung: Bei einem Stromausfall wird der Speicher zwar noch entladen, aber anschließend nicht mehr beladen - auch wenn dies tagsüber passiert und die Sonne scheint. Der Grund: Bei einem Stromausfall arbeitet der Wechselrichter, der den produzierten PV-Gleichstrom vom Dach in Wechselstrom umwandelt, nicht mehr, sodass diese Quelle nicht mehr genutzt werden kann. Es kommt also kein Strom mehr vom Dach.

So ergeht es übrigens allen PV-Anlagen, die nicht explizit eine Ersatzstromfunktion haben. Wenn das Stromnetz ausfällt und die nötige Schwingungsfrequenz des europäischen Stromnetzes (50 Hertz) nicht mehr zur Verfügung steht, schaltet sich auch der Wechselrichter ab. Die eigene PV-Anlage stellt also nicht gleichzeitig ein umweltfreundliches Notstromaggregat dar. Diese Funktion muss explizit mitbestellt werden.

Ersatzstrom: Bei dieser Lösung wird die gesamte PV-Anlage bei einem Stromausfall physikalisch vom Netz getrennt und läuft unabhängig weiter. Solange die PV-Anlage Strom produziert, wird dieser direkt im Haus verbraucht oder in den Speicher geladen und kann anschließend entsprechend der möglichen Leistungsabgabe des Speichers wieder entnommen werden.

Hinweis: Für beide Stromausfallabsicherungen gilt die alte Seemannsweisheit »Immer eine Handbreit Wasser unter dem Kiel haben«. Denn im Falle des Ausfalls hilft die teure Investition nichts, wenn die PV-Anlage zu diesem Zeitpunkt nichts liefert und der Speicher leer ist. Hier gilt die Regel: Lieber den Speicher etwas überdimensionieren, damit man im Ernstfall noch ein paar Kilowattstunden in Reserve hat. Dreißig Prozent über dem eigentlichen Bedarf sollten ausreichen.

Es ist nicht verwunderlich, dass diese zusätzlichen Features nicht umsonst zu haben sind. Ob sich der Aufpreis lohnt, ist reine Ermessenssache. Unser Standpunkt dazu: eine feine Sache, aber Stromausfälle von mehreren Stunden können auch anders überbrückt werden. Und wenn der Strom wirklich länger ausfällt, ist es nur eine Frage der Zeit, bis die Nachbarschaft vorbeischaut, um herauszufinden, warum beim PV-Betreiber immer noch Licht brennt.

Batterieverluste und Wirkungsgrad

Wie bereits an anderer Stelle beschrieben, sind Speicher auch elektrische Verbraucher und arbeiten nicht mit Luft und Liebe, sondern mit Strom! Mit bis zu 15 oder sogar 20 Prozent Speicher- und Wandlungsverlusten muss gerechnet werden. Das heißt: Von 1 200 Kilowattstunden, die eingespeichert werden, können nur 1 000 wieder entnommen werden. Die restliche Energie hat der Speicher für den Eigenbetrieb verbraucht oder im Speicherungsprozess in Wärme umgewandelt.

Jedes elektrische Gerät, das im Betrieb warm wird, wandelt Energie nicht komplett dem eigentlichen Zweck entsprechend um. Ein Teil wird stets als Wärme abgestrahlt.

Leistungsaufnahme & Leistungsabgabe

Hat man nun die für sich ideale Speichergröße bestimmt, gilt es aber noch, eine damit in Zusammenhang stehende Leistungsgröße des Speichers zu berücksichtigen, und zwar die sogenannte C-Rate.

Diese gibt das Verhältnis zwischen Speicherkapazität und Leistungsaufnahme beziehungsweise Leistungsabgabe an. In der Regel liegt diese Rate bei den kleinen Heimspeichern bei 1 oder niedriger. Das heißt, dass ein Speicher mit einer

Größe von 5 Kilowattstunden für gewöhnlich mit nicht mehr als 5 Kilowatt be- oder entladen werden kann. Dieser Wert liegt eher niedriger.

Wofür ist das wichtig? Stellen wir uns einmal vor, es ist Dezember, wir haben eine große, wunderbar nach Süden ausgerichtete und vor allem unverschattete PV-Anlage. Die Tage im Dezember sind kurz und selten durchgehend sonnig. Zeigt sich nun aber der Lebensspender am Himmel und blickt für eine Stunde durch die Wolken hindurch, kann man umso mehr in dieser kurzen Phase in seinen Speicher einlagern, je höher die Beladeleistung ist.

Leistet die PV-Anlage in dieser Situation für eine Stunde 5 Kilowatt, dann können abzüglich des Direktverbrauchs 5 Kilowattstunden in dieser Stunde in den Speicher geladen werden, wenn er die notwendige Leistungsaufnahme bereitstellt. Schafft der Speicher nur die Hälfte, also 2,5 Kilowatt, dann gehen nur 2,5 Kilowattstunden in den Speicher, der Rest wird ins Netz eingespeist.

Dasselbe auf der anderen Seite: Laufen mehrere Großverbraucher parallel, wie etwa die Wärmepumpe und mehrere Herdplatten, dann kann ein Speicher mit hoher Entladeleistung diese noch bedienen. Der Speicher mit geringerer Entladeleistung erzwingt dagegen Netzbezug.

Bei unserer Anlage kommen wir auf eine C-Rate von gerade einmal 0,25 – trotzdem sind wir damit zufrieden. Klingt verwunderlich? Ist es aber nicht. Hier spielen die individuellen Umstände eine Rolle. Wir leben nördlich von Hamburg, und unser Bungalow hat ein Flachdach. Unsere 44 PV-Module sind in die Himmelsrichtungen Ost und West ausgerichtet und in einem Winkel von 10 Grad aufgeständert. Die Sonne steht im Winter also in einem denkbar ungünstigen Winkel zu unserer PV-Anlage.

Erschwerend kommt hinzu, dass wir im Winter durch große Bäume in der Nachbarschaft viel Schatten auf dem Dach haben. So erreicht unsere PV-Anlage in ihrer jetzigen Ausbaustufe von 12 Kilowatt-Peak zwischen November und Mitte Februar in der Spitze eigentlich nie mehr als 2,5 Kilowatt. Großverbraucher laufen bei uns momentan nur selten parallel.

Allerdings verändert sich unsere Situation in puncto Großverbraucher – wie bei vielen anderen Menschen sicher auch – gerade gravierend. Aus diesem Grund ist auch eine erneute Erweiterung unserer Anlage in Planung. Dazu später mehr.

Speicher ist nicht gleich Speicher – auf die Zusammensetzung kommt es an!

Ein Kriterium für die Auswahl des richtigen Stromspeichers kann auch dessen Beschaffenheit sein, denn Speicher ist nicht gleich Speicher. Kamen bis vor einigen Jahren noch hauptsächlich Blei-Säure-Batterien in der Größe eines Kühlschranks zum Einsatz, wird heute fast ausnahmslos auf Lithium-Speicher gesetzt. Sie besitzen bei gleicher Größe eine deutlich höhere Kapazität und sind somit auch ressourcenschonender.

Lithium-Speicher gibt es in unterschiedlichen Variationen: Lithium-Kobalt mit den Unterarten Lithium-Nickel-Mangan-Kobalt (NMC) und Lithium-Nickel-Kobalt-Aluminium (NCA) sowie Lithium-Eisenphosphat (LFP oder LiFePo4). Der Unterschied liegt in der Beschaffenheit der Elektroden, zwischen denen die Elektronen transportiert werden. Bei Eisenphosphat-Speichern besteht eine Elektrode aus Grafit und die andere aus Eisenphosphat. Beim Lithium-Kobalt-Akku kommt hingegeben eine Elektrode aus Nickel und Kobalt zum Einsatz.

Die Eisenphosphat-Speicher sind zwar schwerer und auch teurer, haben dafür aber eine höhere Lebenserwartung und sind außerdem sicherer im Betrieb. Gerade 2022 gingen einige Berichte von brennenden Lithium-Kobalt-Speichern durch die Medien. Für den stationären

Das Metall Lithium kommt aktuell in den meisten Batteriesystemen zum Einsatz

Betrieb im heimischen Keller oder Hauswirtschaftsraum bietet der Eisenphosphat-Akku also deutliche Vorteile.

Wer noch mehr über Stromspeicher erfahren möchte und wissen will, welche Speicher in Sachen Effizienz Bestnoten bekommen, findet in der jährlich erscheinenden »Stromspeicher-Inspektion« der Hochschule für Wirtschaft und Technik (HTW) Berlin alle wichtigen Informationen. Hier wird in zwei Kategorien (Speicher bis 5 kWh und bis 10 kWh) unterschieden. Allerdings sind nur Speicher aufgelistet, deren Hersteller ihre Daten zur Verfügung gestellt haben. Der Einladung zur Teilnahme an der Stromspeicherinspektion 2022 folgten 14 Anbieter von Speichersystemen. Die teilnehmenden Unternehmen erhielten vorab die anonymisierten Ergebnisse des Speichervergleichs. Nach der Sichtung der Testergebnisse entschieden sich zwölf Hersteller für die namentliche Erwähnung in der Studie.

Lohnt sich ein Stromspeicher für mich?

Wir haben alle Aspekte des Stromspeichers eingehend beleuchtet. Entscheiden muss nun jeder für sich, ob die Investition in ein solches Gerät, in welcher Form auch immer, getätigt werden soll oder nicht. Ein Stromspeicher führt zu deutlich weniger Netzbezug, hat aber auch seinen Preis. Be- und Entladeleistung können entscheidende Kriterien sein, oder auch nicht - wie in unserem Fall. Im Zweifelsfall geht es nur um ein paar Kilowattstunden im Jahr, die eine spürbare Mehrinvestition nicht rechtfertigen. Notstrom kann ein gutes Gefühl geben. Aber mit durchschnittlich 12 Minuten Stromausfall pro Kopf hatten wir im Jahr 2021 in Deutschland eine Netzstabilität, wie sie besser nie war.

Richtig ist, dass wir gleichzeitig durch immer mehr Einspeisung von regenerativ erzeugtem Strom auch immer häufigere Netzeingriffe haben, um die Netzstabilität zu gewährleisten.

Das zeigt aber auch ganz klar den Weg hin zu einem intelligenten Netz mit vielen Mitspielern sowohl auf Erzeuger- als auch auf Speicher- und Verbraucherseite. Die Energiewende wird ein bunter Mix aus verschiedenen Komponenten und Akteuren, was aber auch die Abhängigkeit von einem einzigen großen Lieferanten verringert. Inwieweit der heimische stationäre Stromspeicher zum Wohlklang dieses Ensembles beitragen kann, ist vor dem Hintergrund des bidirektionalen Ladens unserer E-Autos ungewiss.

Auch größere Regional- und Quartiersspeicher, die weit besser an die Leistungsbedürfnisse angepasst werden können, sollen und müssen eine wichtige Rolle spielen. Aber eins ist sicher: Es ist ein ausgesprochen gutes Gefühl, den tagsüber selbst erzeugten Strom auch in der Nacht verbrauchen zu können. Stromspeicher in Kombination mit privaten PV-Anlagen machen Spaß.

Würden wir noch einmal auf einen Heimspeicher setzen? Wahrscheinlich bekäme in Zukunft wohl eher der wesentlich größere und leistungsstärkere Speicher in unserem E-Auto den Vorzug. Allerdings nur, wenn das bidirektionale Laden möglich und erlaubt ist und der Strom dann aus dem Auto-Akku direkt ins Haus gespeist wird.

UNSER TIPP

Wer für sich die Wirtschaftlichkeit seines (zukünftigen) Speichers berechnen möchte, kann dies mithilfe einer Tabelle tun, die im Downloadbereich unserer Homepage hinterlegt ist. Der Link dazu ist am Ende des Buches zu finden.

WAS KOSTET MICH DIE PV-ANLAGE?

Sobald das Angebot des Solateurs oder Installateurs vorliegt, sollte es genau studiert werden. Sind alle einzelnen Posten aufgeführt? Sind eventuell Kosten doppelt veranschlagt? Sind wirklich alle aufgeführten Arbeiten notwendig oder vorgeschrieben?

Erscheint das Angebot zu teuer, sollte Rücksprache gehalten oder - wenn möglich - noch ein weiteres Angebot eingeholt werden. Generell bietet es sich immer an, mehrere Angebote zu studieren. In manchen Regionen Deutschlands kann die Suche nach dem richtigen Installateur ein langwieriges Unterfangen werden. Aber es lohnt sich, hartnäckig zu bleiben. Oft können dadurch mehrere Tausend Euro gespart werden. Bei starker Nachfrage und Lieferschwierigkeiten einzelner Komponenten kann sich die Preislage allerdings schnell nach oben entwickeln. Auch das sollte man im Auge behalten.

Das Preisniveau von PV-Anlagen ist seit Einführung des Erneuerbare-Energien-Gesetzes im Jahr 2000 kontinuierlich gesunken. Zahlte man anfangs für 1 Kilowatt-Peak PV-Leistung noch 5 000 Euro, sank der Preis bis 2020 auf rund 1 000 Euro ab. Massenproduktion und steigende Wirkungsgrade sorgten für einen deutlichen Preisrutsch. Die Stagnation auf diesem niedrigen Level hielt aber nicht lange an.

Inzwischen steigen die Preise für die Solartechnik deutlich. Große Nachfrage, Knappheit an Rohstoffen und schlicht auch Mangel an Personal machen PV-Anlagen derzeit zu einem raren und begehrten Gut. In einem Buch lassen sich daher seriöse Preisgestaltungen nicht darstellen. Hier können wir nur auf einschlägige Quellen verweisen, die wir am Ende dieses Buches aufführen.

Was unseres Erachtens in ein gutes und vor allem seriöses Angebot gehört, haben wir in der folgenden Auflistung zusammengefasst:

1 PV-Anlage
- Module
- Wechselrichter
- Unterkonstruktion
- Anschluss- und Befestigungsmaterial
- Modulmontage
- DC-Montage
- AC-Montage

2 Speicher (optional)
- Transport
- Installation
- Anschluss
- Wechselrichter (optional)

3 Garantie/Gewährleistung
4 Anmeldung beim Netzbetreiber
5 Inbetriebnahme
6 Optional, unbedingt prüfen/erfragen, wenn nicht aufgeführt:
- Kosten für Gerüst
- Erdarbeiten/Wanddurchbrüche
- Elektroverteilung/Sicherungskasten (muss den aktuellen Technischen Anschlussbedingungen entsprechen)
- Fernwartung
- Dokumentation (Belegungsplan/Wirtschaftlichkeitsberechnung etc.)
- Anmeldung beim Marktstammdatenregister
- Statik
- Welche Leistungen sind bauseits zu erbringen?

7 Ausweisung der Rechnung netto zuzüglich der Mehrwertsteuer
8 Gültigkeitsdauer des Angebots
9 Zahlungsbedingungen und Fertigstellungstermin

Mit dem Installateur abgesprochene Eigenleistungen wirken sich positiv auf den Angebotspreis aus. Aber sowohl Arbeiten auf dem Dach als auch elektrische Installationen sind nicht auf die leichte Schulter zu nehmen. Hier sollte man die entsprechenden Fachkenntnisse besitzen und genau wissen, was man tut. Wenn am Ende das Dach undicht ist oder die Module beim nächsten Herbststurm vom Dach gefegt werden, ist die Ersparnis schnell wieder dahin. Außerdem muss ein Elektriker die Anlage abnehmen und beim Netzbetreiber anmelden.

Was ist besser: finanzieren, mieten oder kaufen?

Die günstigste Art, an die eigene Stromerzeugungsanlage zu kommen, ist der Barkauf. Hier gilt es, mehrere Angebote einzuholen und diese auf enthaltene Leistungen und angebotene Komponenten zu vergleichen. Selten bieten verschiedene Installateure identische Anlagengrößen an, und die Preise können deutlich variieren.

Wer eine PV-Anlage nicht kaufen möchte oder kann, hat die Möglichkeit, diese zu mieten oder zu pachten. Mittlerweile gibt es zahlreiche Anbieter, die sich auf Pachtanlagen spezialisiert haben. Aber auch Stromversorger bieten Mietmodelle an. Planung und Aufbau erfolgen ähnlich wie bei einer Kaufanlage. Statt eines einmaligen Kaufpreises ist dann allerdings eine monatliche Miet- oder Pachtzahlung an den Anbieter fällig.

Die Vorteile: Wer die hohen Investitionskosten einer Kaufanlage nicht tätigen will oder kann, kommt hier zunächst günstiger weg. Eine Bonitätsprüfung mittels Schufa-Auskunft reicht in aller Regel für den Vertragsabschluss aus. Der Austausch defekter Geräte und Module sowie eventuelle Wartungsarbeiten und die Anlagenüberwachung werden vom Anbieter übernommen. Auch eine Versicherung gegen äußere Einwirkungen sowie eine Betreiberversicherung gegen längerfristigen Ausfall sollten im Pachtvertrag enthalten sein. Man erkauft sich quasi eine langjährige Rundum-sorglos-Garantie auf alle eintretenden Eventualitäten.

Der Nachteil: In der Gesamtsumme wird die Pachtanlage am Ende mehr Geld kosten. Das Rundum-sorglos-Paket gibt es nicht umsonst. Bei dieser Variante verdient auch der Verpächter mit, der für den ordnungsgemäßen Betrieb der Anlage verantwortlich ist. Die Störfaktoren für eine dauerhafte Funktionsfähigkeit der Anlage sind allerdings überschaubar: Mindestens ein Wechselrichtertausch muss im Leben der PV-Anlage eingeplant werden. Module und Kabel gehören dagegen zu den weniger anfälligen Komponenten.

Nach Ende der Vertragslaufzeit bieten die meisten Anbieter die Anlage kostenneutral zur Übernahme an. So wird der Pächter zumindest zu einem späteren Zeitpunkt doch noch PV-Anlagenbesitzer. Der Verpächter hat kein Interesse daran, eine 20 Jahre alte PV-Anlage auf Eigenkosten abbauen und entsorgen zu lassen.

All diese Punkte sollten im Vorfeld im Vertrag genau geprüft werden. Wenn ein Stromspeicher zum Pachtangebot gehört, sollte auch klar geregelt sein, in welchen Fällen - insbesondere bei Kapazitätsverlust - dieser vom Verpächter getauscht wird.

Wer für den Kauf einer PV-Anlage einen Kredit aufnehmen will, muss die Wirtschaftlichkeit anhand der aktuellen Zinssätze und Bedingungen der jeweiligen Bank oder Sparkasse betrachten. Mit Vorlage einer Wirtschaftlichkeitsberechnung sollte der Gewährung eines Kredits auch für eine größere PV-Anlage mit Speicher nichts im Wege stehen.

Geprüft werden sollte auch, ob Förderbanken günstige Darlehen für PV-Anlagen anbieten. Wer für die PV-Anlage ein langfristiges Darlehen aufnimmt, wird die Kreditraten zu einem guten Teil durch den eingesparten Strom und die Einspeisevergütung tragen können. Es ist also auch bei diesem Modell kein unüberschaubarer persönlicher finanzieller Aufwand notwendig.

Parallel zu Kauf oder Finanzierung bieten einige Anbieter auch Cloud-Lösungen an. Geworben wird damit, dass alle PV-Anlagen und vor allem die Speicher im Verbund dieses Anbieters zusammenarbeiten und so netzdienlich Strom verschieben können. Oft heißt es auch, dass der Betreiber den Strom, den er im Sommer einspeist, im Winter dann wieder verbrauchen kann, wenn die PV-Anlage zu wenig Erträge liefert.

Physikalisch gesehen ist diese Erklärung allerdings unzutreffend. Denn der Strom, der eingespeist wird, sucht sich immer den Weg des geringsten Widerstands, und den bietet immer der nächste Verbraucher. Eingespeister Strom wird also physikalisch immer in der Nachbarschaft verbraucht und erreicht so selten den nächsten Straßenzug oder gar ein anderes Viertel.

Eigentlich steckt hinter den Cloud-Angeboten - auch wenn sie sich im Detail alle unterscheiden - nicht viel mehr als ein Stromliefervertrag. Und dieser unterliegt ebenso den Marktbedingungen wie die Lieferverträge herkömmlicher Stromanbieter. Daher werden die Cloud-Verträge

In der Stromcloud sind alle Betreiber miteinander vernetzt

ebenso wie normale Stromverträge von Zeit zu Zeit an das allgemeine Strompreisniveau angepasst.

Der Gedanke einer Schwarmvernetzung von vielen kleinen Heimspeichern ist eigentlich eine gute Idee, um so zentral Schwankungen im Stromnetz auszugleichen. Jedoch ist auf die Regularien im Cloud-Vertrag zu achten, die oft sehr undurchsichtig sind. Man tritt die Einspeisevergütung an den Cloud-Anbieter ab und erhält dafür Freistrommengen.

Ein weiterer Nachteil ist, dass meistens die Stromspeicher nicht an das eigene Stromverbrauchsverhalten angepasst sind, sondern eher auf den Schwarmbetrieb ausgelegt sind. Damit kauft man nicht nur Speicher für sich selbst, sondern auch für die Allgemeinheit. Die Aufgabe der Netzstabilität sollte aber originär nicht beim privaten PV-Anlagenbetreiber liegen, sondern beim Netzbetreiber. Daher ist dieser in Zukunft verantwortlich für die Bereitstellung von Pufferspeichern. Er kann das auch wesentlich besser umsetzen, da er mit deutlich größeren Kapazitäten agieren und die Leistung, die gerade benötigt wird, effizient zur Verfügung stellen kann.

Förderung

Generell sollte vor der Entscheidung für den Erwerb, auf welchem der aufgezeigten Wege auch immer, geprüft werden, welche Fördermöglichkeiten es gibt. In den Bundesländern und Kommunen werden regelmäßig neue Programme aufgelegt, die allerdings aufgrund der hohen Nachfrage oft sehr schnell oder zumindest vorübergehend wieder eingestellt werden. Nicht nur die Länder, sondern auch der Bund unterstützen den Bau von PV-Anlagen oder fördern einzelne Komponenten, zum Beispiel über die KfW-Bank (Kreditanstalt für Wiederaufbau), mit Zuschüssen für Stromspeicher oder mit der Einspeisevergütung. In allen Fällen lohnt sich der regelmäßige Blick in die Portale der jeweiligen Landes- und der Bundesregierung.

Zusatzkosten bei der Installation

Ein hoher zusätzlicher Kostenfaktor kann die Elektroverteilung im Gebäude sein. Diese ist oft in die Jahre gekommen und hat Bestandsschutz, solange nichts daran verändert wird. Dieser Bestandsschutz entfällt mit dem Anschluss einer PV-Anlage. Dann gelten die neuesten Technischen Anschlussbedingungen (TAB), und nicht selten ist ein komplett neuer Zählerschrank erforderlich. In unserem Fall war das auch so, denn die Verteilung aus den 1980er-Jahren entsprach nicht im Geringsten heutigen Ansprüchen. Ein Tag und 2500 Euro waren für diese Modernisierung fällig. Wir verbuchen diese Ausgabe unter Investition in unsere Immobilie. Ist die Verteilung aber noch halbwegs aktuell, kann es auch schon mit einer Erweiterung für 500 Euro getan sein. Wichtig ist, dass dieser Kostenpunkt im Angebot auftaucht oder zumindest mit dem Installateur vereinbart ist.

Hinzu kommen mögliche Wanddurchbrüche für die Verlegung der Kabel oder auch Erdarbeiten sowie für die Beauftragung eines Statikers, der das Dach auf seine PV-Tauglichkeit prüft. Hier kommt es auf die Dachform an: Vor allem bei Flachdächern ist die Ballastierung der Module und dadurch zusätzliches Gewicht ein Thema.

Weitere Zusatzkosten können entstehen, wenn für die Dacharbeiten ein Gerüst bereitgestellt werden muss. Achtung: Wer das Motto »Macht das Dach voll« beherzigt und von vornherein größer plant, muss diese Zusatzkosten nur einmal zahlen. Ansonsten kann es passieren, dass bei jeder Erweiterung auch ein neuer Zählerschrank oder ein Gerüst im Angebot auftaucht. Hier ist der Begriff »bauseits«, also vom Auftraggeber zu tragen, entscheidend.

WIE WIRTSCHAFTLICH IST MEINE GEPLANTE PV-ANLAGE?

Wirtschaftlichkeit steht bei den meisten PV-Anlagenbetreibern an erster Stelle. Wird der Wert der Immobilie durch die PV-Anlage gesteigert? Wann amortisiert sich die Anlage, und in welchem Maße verringern sich die Nebenkosten durch den selbst erzeugten Strom?

Zu Beginn des Betriebs einer PV-Anlage steht zunächst die Anschaffung und Installation. Damit geht der Betreiber zumindest beim Barkauf in Vorleistung. Im Betrieb können auch laufende und einmalige Kosten entstehen. Eine PV-Anlage sollte zumindest in die Gebäudehaftpflichtversicherung aufgenommen werden. Hierdurch werden Schäden durch äußere Einflüsse wie Hagelschlag abgedeckt, aber auch Schäden, die zum Beispiel ein vom Wind losgerissenes Modul verursachen kann. Möglich ist auch eine Betriebsausfallversicherung, die dann für entgangene Einnahmen einspringt, wenn die Anlage einmal für einen längeren Zeitraum defekt sein sollte. Bei der inzwischen sehr soliden Technik ist eine solche Absicherung aber nicht zwingend erforderlich. Auf das Thema Schäden und Versicherungen wird an anderer Stelle noch genauer eingegangen.

Im Bereich Reparatur- und Austauschkosten geht es hauptsächlich um die Komponenten Wechselrichter und Stromspeicher. Diese elektrischen Geräte werden mit hoher Wahrscheinlichkeit in den mindestens zu erwartenden 30 Jahren Betriebszeit der PV-Anlage einmal getauscht werden müssen, was – Stand jetzt – mit mehreren Tausend Euro zu Buche schlagen wird.

Ebenfalls auf der Negativseite zu verbuchen sind steuerliche Ausgaben je nach gewähltem Steuermodell. Darauf gehen wir im Kapitel »Formalien« genauer ein.

Dem stehen die Einnahmen gegenüber, die mit einer PV-Anlage erwirtschaftet werden. Diese teilen sich bei einer Überschuss-Einspeiseanlage in zwei Bereiche auf:

Ersparnis bei den Strombezugskosten: Die PV-Anlage produziert Strom, der zunächst direkt im Haus verbraucht wird. Hierzu gehören alle Verbraucher, die im heimischen Stromnetz angeschlossen sind. Also auch eine elektrische Heizung wie Wärmepumpe, Split-Klimaanlage oder ein Heizstab, aber auch das E-Auto, das in der Garage an der heimischen Wallbox lädt. In Zeiten hoher Strompreise und niedriger Einspeisevergütung ist der Eigenverbrauch der Haupt-Wirtschaftlichkeitsfaktor in dieser Rechnung.

Einspeisevergütung: Alles, was nicht im häuslichen Bereich verbraucht wird, wird automatisch in das öffentliche Stromnetz eingespeist und mit einem auf 20 Jahre – plus das Inbetriebnahmejahr – festgesetzten Betrag vergütet. Eigenverbrauch und Einspeisevergütung können je nach Stromverbrauch und Größe der PV-Anlage in sehr unterschiedlichen Verhältnissen zueinander stehen, was wir mit unseren Zahlen aus den Jahren 2020 und 2021 veranschaulichen möchten. Wir zeigen, was eine PV-Anlage erwirtschaftet, wie sich aber auch verschiedene Verbraucher auswirken und wie unterschiedlich zwei aufeinanderfolgende Jahre in der Stromerzeugung sein können.

Das Jahr 2020 war auch im Norden Deutschlands sehr sonnenreich. Wir hatten eine sehr hohe Autarkiequote von satten 74 Prozent. Allerdings haben wir in diesem Jahr unser E-Auto nicht besonders häufig zu Hause geladen. Der Grund: In unserer Umgebung waren viele öffentliche Ladesäulen, an denen zunächst noch unentgeltlich »getankt« werden konnte, denn damals waren auf den Straßen noch nicht viele E-Autos zu sehen.

Das hat sich mittlerweile geändert. Im Jahr 2021, das für uns Sonnenanbeter leider nicht besonders erfreulich war, haben wir das Auto nahezu komplett zu Hause geladen. Dafür wurde eine Wallbox installiert, die so programmiert werden kann, dass sie den überschüssigen Strom vom Dach ins Auto einspeist.

Damit die Zahlen unserer Rechnung besser nachvollzogen werden können, hier noch einmal die technischen Daten unserer PV-Anlage: Sie hat eine Größe von 12 Kilowatt-Peak mit 44 Modulen, die auf unserem Flachdach nördlich von Hamburg mit 10 Grad in Ost-West-Richtung (Azimut: -65 Grad Ost und 115 Grad West) aufgeständert sind.

Dazu haben wir einen Stromspeicher mit 9,3 Kilowattstunden nutzbarer Kapazität und bekommen eine Einspeisevergütung von 11,79 Cent pro Kilowattstunde.

Nach der ersten Erweiterung 2019 hat unsere PV-Anlage eine Größe von 12 Kilowatt-Peak erreicht

Hier unsere Daten der Jahre 2020 und 2021

	2020	2021
Hausverbrauch	3 327 kWh	4 612 kWh
Stromerzeugung PV	8 877 kWh	7 791 kWh
Eigenversorgung	2 448 kWh	3 052 kWh
Davon direkt aus der PV-Anlage	1 360 kWh	1 998 kWh
Davon aus dem Stromspeicher	1 088 kWh	1 053 kWh
Netzbezug	879 kWh	1 560 kWh
Netzeinspeisung	6 086 kWh	4 408 kWh
Ertrag gesamt	**1 378 Euro**	**1 343 Euro**

2020 hat unsere PV-Anlage 8 877 Kilowattstunden Strom erzeugt. Davon haben wir 2 448 Kilowattstunden direkt aus der PV-Anlage oder nachts aus dem Speicher genutzt (Eigenversorgung). Diese Menge an Strom mussten wir nicht aus dem Netz (Strompreis: 27 Cent pro kWh) beziehen, was eine Ersparnis von 660,96 Euro bedeutete. Den überschüssigen Strom (6 086 kWh) haben wir ins öffentliche Netz eingespeist und dafür eine Vergütung von 717,53 Euro erhalten. Somit hatte unsere PV-Anlage im Jahr 2020 eine Amortisationssumme von 1 378,49 Euro oder monatlich von 114,87 Euro erbracht.

Ganz anders sah unsere Bilanz ein Jahr später aus. Das Wetter war durchweg schlechter, was zur Folge hatte, dass unser Gesamtertrag aus der PV-Anlage nur 7 791 Kilowattstunden betrug – rund 1 000 Kilowattstunden weniger als 2020.

Unser Eigenverbrauch hingegen stieg um rund 1 000 Kilowattstunden auf 3 052 Kilowattstunden an, denn 2021 wurde unser E-Auto (Jahresfahrleistung ca. 10 000 km) größtenteils zu Hause geladen. 67 Prozent der Energie, die ins Auto ging, stammte direkt von der PV-Anlage, der Rest war Netzbezug.

Finanziell gesehen hat uns das schlechtere Jahr mit dem zusätzlichen Großverbraucher trotzdem 824,04 Euro (2020: 660,96 Euro) durch vermiedenen Netzbezug und 519,70 Euro durch Netzeinspeisung (2020: 717,53 Euro) gebracht. Macht zusammen 1 343,74 Euro und damit trotz deutlich geringerer Erträge fast die identische Summe wie im Vorjahr (1 378,49 Euro).

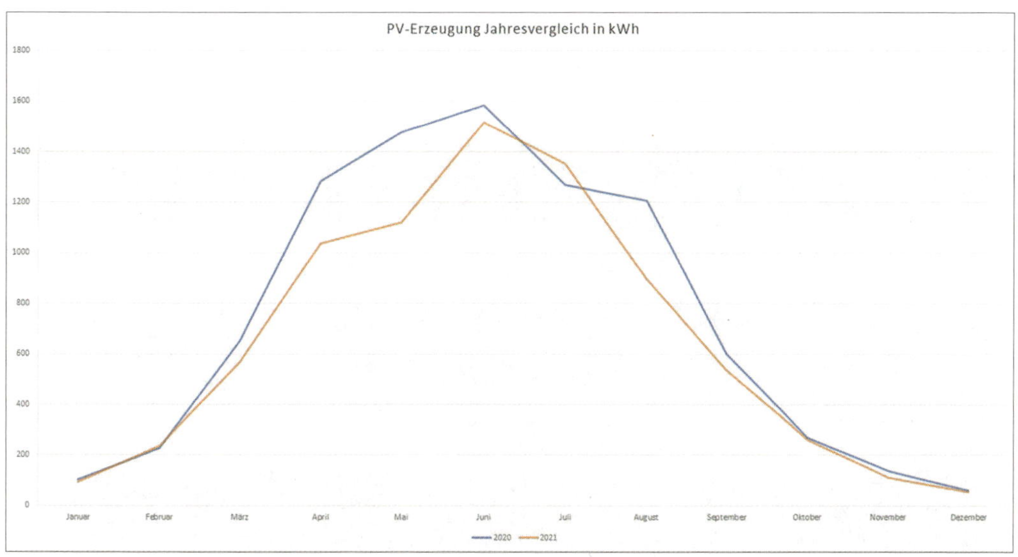

Die Visualisierung der PV-Erträge ist in den meisten Systemen enthalten und macht eine Analyse anschaulich

Grund dafür ist der hinzugekommene Großverbraucher E-Auto, der den Jahresverbrauch um ein Drittel erhöht hat und damit auch für eine deutlich höhere Ersparnis auf der Stromrechnung gesorgt hat. Zwar haben wir insgesamt mehr Stromkosten, aber dafür entfällt für 10 000 Kilometer Fahrleistung der Besuch an der Tankstelle.

Um die Wirtschaftlichkeit einer PV-Anlage in allgemeinen Zahlen darzustellen, folgen hier nun Berechnungen mit im Jahr 2022 üblichen Durchschnittswerten für verschiedene Szenarien und der im EEG 2023 verankerten Einspeisevergütung. Diese beträgt für Anlagen bis 10 Kilowatt-Peak 8,2 Cent und für Anlagen zwischen 10 und 40 Kilowatt-Peak 7,1 Cent.

Szenario 1: Durchschnittlicher Haushaltsverbrauch einer vierköpfigen Familie ohne Stromspeicher, E-Auto und elektrische Heizung

	kWh	Euro
Stromverbrauch (35 Cent/kWh)	4000	
Anschaffung PV-Anlage 10 kWp		-15 000
Stromertrag	10 000	
Eigenverbrauch	1500	525
Einspeisung (8,2 Cent/kWh)	8500	697
Betriebskosten 1 % der Anschaffung		-150
Steuern auf Eigenverbrauch		-21

	kWh	Euro
Jahresertrag		1051
Ertrag über 20 Jahre		21020
Gewinn über 20 Jahre		6020
Rendite		**2%**

Szenario 2: Durchschnittlicher Haushaltsverbrauch einer vierköpfigen Familie mit Stromspeicher (Wirkungsgrad 85%), ohne E-Auto und elektrische Heizung

	kWh	Euro
Stromverbrauch (35 Cent/kWh)	4000	
Anschaffung PV 10 kWp + Speicher 7 kWh		-20000
Stromertrag	10000	
Eigenverbrauch	3000	1050
Einspeisung (8,2 Cent/kWh)	6775	555
Betriebskosten 1,5% der Anschaffung		-300
Steuern auf Eigenverbrauch		-42

	kWh	Euro
Jahresertrag		1263
Ertrag über 20 Jahre		25260
Gewinn über 20 Jahre		5260
Rendite		**1,3%**

Anhand dieses Vergleichs sieht man, dass Speicher bei normalem Verbrauchsprofil aufgrund ihrer hohen Anschaffungskosten noch nicht wirtschaftlich betrieben werden können. Nicht berücksichtigt sind hier die (aktuell) steigenden Strombezugskosten. Die Betriebskosten wurden mit dem Speicher auch prozentual höher angesetzt, da innerhalb von 20 Jahren mit einer Ersatzbeschaffung beim Speicher zu rechnen ist. Bei der Einspeisevergütung wurden in Szenario 2 die Verluste durch den Speicher berücksichtigt. Die Steuern auf Eigenverbrauch wurden mit der in den 35 Cent Strombezugskosten enthaltenen Umsatzsteuer (1,4 Cent) angesetzt. Das ist der Wert, den das Finanzamt als Eigenverbrauchssteueranteil ansetzt. Nun schauen wir uns die Situation eines wohl in vielen Haushalten noch zukünftigen Szenarios an.

Szenario 3: Durchschnittlicher Haushaltsverbrauch einer vierköpfigen Familie mit Stromspeicher, Elektroauto und elektrischer Heizung

	kWh	Euro
Stromverbrauch (35 Cent/kWh)	12 000	
Anschaffung PV 10kWp + Speicher 7kWh)		-20 000
Stromertrag	10 000	
Eigenverbrauch	7000	2450
Einspeisung (8,2 Cent/kWh)	2730	224
Betriebskosten 1,5 % der Anschaffung		-300
Steuern auf Eigenverbrauch		-98
Jahresertrag		2276
Ertrag über 20 Jahre		45 520
Gewinn über 20 Jahre		25 520
Rendite		**6,4 %**

Hier ergibt sich nun ein komplett anderes Bild. Die Großverbraucher E-Auto und elektrische Heizung verschieben die Amortisation der PV-Anlage komplett. Grund ist der deutlich höhere Eigenverbrauch, der mit 35 Cent pro Kilowattstunde deutlich zu Buche schlägt. Dahingegen sinkt die Einspeisevergütung stark ab und hat nur noch einen geringfügigen Einfluss auf die Wirtschaftlichkeit der Anlage.

Nun schauen wir uns noch an, wie es aussieht, wenn wir die Leistung auf dem Dach erhöhen. Wir rechnen noch einmal das Szenario 3 - nun mit einer 20-Kilowatt-Peak-Anlage - durch. Hier ist zu beachten, dass die Einspeisevergütung anteilig auf die Anlagenteile bis und über 10 Kilowatt-Peak angerechnet wird. Also hälftig mit 8,2 Cent und hälftig mit 7,1 Cent, was einen Gesamtvergütung von 7,65 Cent ergibt.

	kWh	Euro
Stromverbrauch (35 Cent/kWh)	12 000	
Anschaffung PV 20 kWp + Speicher 7 kWh		-30 000
Stromertrag	20 000	
Eigenverbrauch	9 000	3 150
Einspeisung 7,65 Cent/kWh	10 720	879
Betriebskosten 1,5 % der Anschaffung		-450
Steuern auf Eigenverbrauch		-130
Jahresertrag		3 449
Ertrag über 20 Jahre		68 980
Gewinn über 20 Jahre		38 980
Rendite		**6,5 %**

Man sieht hier eine leichte Steigerung der Rendite gegenüber der kleineren Anlage. Trotz deutlich gestiegenem Strompreis wirft also die überdimensionierte Anlage mehr Gewinn ab. Dies liegt zum einen daran, dass die größere Anlage geringere spezifische Kosten hat. Zum anderen sorgt aber auch die im EEG 2023 leicht angehobene Einspeisevergütung dafür, dass sich das Motto »Dach vollmachen« wieder lohnt.

Nichtsdestotrotz sind die Unterschiede marginal, und es empfiehlt sich in dieser Situation, die Entscheidung zugunsten der größeren Anlage zu treffen. Denn auch wenn die eigene Verbrauchssituation das Pendel leicht gegen die größere Anlage ausschlagen lässt: Die Umwelt und das Klima bedanken sich für die zusätzlichen Kilowattstunden, die aus der Kraft der Sonne erzeugt und ins Stromnetz eingespeist wurden.

Notizen

Notizen

INSTALLATION UND BETRIEB MEINER PHOTOVOLTAIKANLAGE

Unsere bisherigen Ausführungen über die Vorteile der Eigenstromproduktion mithilfe einer PV-Anlage auf dem eigenen Dach waren überzeugend? Die Planungen sind abgeschlossen, und es herrscht eine Vorstellung über den Strombedarf, die Anlagengröße und die dazugehörigen Komponenten? Dann geht es jetzt darum, Angebote einzuholen und den Installateur des Vertrauens zu finden.

WIE FINDE ICH DEN RICHTIGEN INSTALLATEUR?

Die Suche nach einem kompetenten Fachbetrieb kann sich schwieriger als erwartet gestalten. Wir wissen das aus eigener Erfahrung. Hatten uns bei unserem ersten Anlauf im Jahr 2013 noch die hohen Anschaffungskosten abgeschreckt, so scheiterte unser zweiter Versuch drei Jahre später daran, dass einfach kein Installateur zu finden war – wohlgemerkt in der Metropolregion Hamburg. Das war für uns eigentlich kaum zu glauben.

Dass wir wenig Erfolg hatten, lag aber vielleicht auch an unserem etwas unbedarften Suchverhalten. Wir sind damals unter anderem einem Adress-Sammelportal auf den Leim gegangen und haben brav alles ausgefüllt, was abgefragt wurde – in der Hoffnung, dass am nächsten Tag ein freundlicher Installateur mit einem Topangebot vor der Tür steht. Schließlich wurde uns versprochen: »Geben Sie hier ihre persönlichen Daten ein, wir machen uns dann für Sie schnell auf die Suche.«

Ob wirklich gesucht wurde, können wir im Nachhinein nicht feststellen. Immerhin erhielten wir nach einigen Wochen tatsächlich einen Anruf – allerdings mit der enttäuschenden Mitteilung, dass für uns derzeit kein passender Installateur in der Nähe verfügbar sei. Damit scheiterte auch dieser Versuch, das Dach mit Photovoltaik zu bestücken, kläglich.

Wie wir mittlerweile wissen, gibt es wesentlich bessere Wege, sich zu informieren und Angebote einzuholen. Der einfachste ist, sich in der Nachbarschaft umzusehen. Ganz bestimmt gibt es dort Dächer, die bereits mit PV-Modulen belegt sind. Zufriedene Anlagenbetreiber berichten gerne über ihre Erfahrungen mit dem Installationsbetrieb.

Wer sich aber lieber selbst auf die Suche nach einem Solateur machen will, kann sich im Internet informieren oder in anderen Branchenverzeichnissen. Stichworte sind hier »Photovoltaik« in Kombination mit »Solar« und dem eigenen Wohnort oder der Region.

Nicht immer muss es dabei ein nur auf PV-Anlagen spezialisierter Betrieb sein. Mittlerweile haben auch Elektromeister, Heizungsbauer oder Dachdecker den Bau von PV-Anlagen in ihr Repertoire aufgenommen und leisten gute Arbeit. In anderen Fällen arbeitet der Elektriker des Vertrauens vielleicht sogar schon mit einem Solateur zusammen. Auch hier lohnt sich das Nachfragen.

Unterstützend bei der Suche helfen können hier Karten-Suchdienste im Internet. Der Vorteil: So werden keine Datensammelportale, sondern nur Betriebe angezeigt, die tatsächlich an diesem Ort gemeldet sind.

UNSER TIPP

Wir empfehlen, mehrere Angebote einzuholen und dann einen Vergleich anhand unserer Checkliste anzustellen. Unter anderem sollte geprüft werden, was im Angebot enthalten ist, welche technischen Besonderheiten die angebotenen Komponenten haben und wie der preisliche Vergleich aussieht.

WIE LÄUFT DIE INSTALLATION EINER PV-ANLAGE AB?

Ist die Entscheidung für das richtige Angebot gefallen und der Auftrag erteilt, kann es losgehen.

Wenn alle Vorgespräche geführt wurden und der Auftrag erteilt ist, kann es mit dem Bau der PV-Anlage losgehen

Der Traum von der eigenen PV-Anlage wird wahr:
Am vereinbarten Tag sollte das nötige Material geliefert werden

Zum vereinbarten Termin wird zunächst das Material angeliefert und – falls nötig – ein Gerüst aufgebaut. Wer die angelieferten PV-Module über Nacht oder sogar eine längere Zeit in der Garage oder im Garten zwischenlagert, sollte unbedingt auf Sicherheit (Einbruchschutz) achten und das Material nicht unbedingt direkt am Straßenrand »parken«.

Bevor die Module verlegt werden, muss eine tragende Unterkonstruktion auf dem Dach befestigt werden.

Bei Schrägdächern werden hierzu Befestigungshaken auf den Dachsparren angeschraubt.

Dazu werden einzelne Ziegel ausgedeckt und von unten leicht angeschliffen, damit sie anschließend wieder passgenau auf dem Dachhaken verlegt werden können. Somit wird auch eine Undichtigkeit des Dachs vermieden.

Bei Flachdächern kommt in der Regel ein Aufständerungssystem mit Ballastierung zum Einsatz. Dieses Trägersystem wird nicht mit dem Dach verbunden, sondern mit schützenden Bautenschutzmatten unterfüttert. Für die sichere Verankerung der Modulfelder sorgen Ballastierungen meist in Form von Gehwegplatten.

Bei kleineren Dachflächen wie Carports und Garagen bietet sich auch ein Einlegesystem an, das an den Dachendseiten festgeschraubt wird. Hierbei ist keine zusätzliche Ballastierung notwendig.

Zeitgleich zum Verlegen der Module können auch die Elektroarbeiten im Keller oder in dem dafür vorgesehenen Raum durchgeführt werden. Im Idealfall wird als Installationsort für den Wechselrichter ein Kellerraum oder der Hauswirtschaftsraum gewählt. Die Stromwandler sind aber relativ temperaturunempfindlich und können auch an einem regengeschützten Bereich an der Hausaußenwand befestigt werden. Einzig der Batteriespeicher darf keinen Minustemperaturen ausgesetzt sein und muss daher in einem Innenraum aufgestellt werden.

Auf Flachdächern müssen PV-Module ballastiert werden, zum Beispiel – wie hier – mit Gehwegplatten

Wer seine technischen Geräte auf dem Dachboden aufstellt, sollte sicherstellen, dass eine ausreichende Belüftung vorhanden ist. Denn Speicher und Wechselrichter geben im Betrieb viel Wärme ab, sodass die Temperaturen auf dem Dachboden oder in anderen kleinen Räumen stark ansteigen können.

Bei der Wahl des Installationsorts ist auch darauf zu achten, dass es Wechselrichter gibt, die im Betrieb durch Lüftergeräusche unangenehm auffallen. Hier sollte vorher mit dem Installateur abgeklärt werden, ob das gewählte Modell Störgeräusche von sich gibt. Es empfiehlt sich auch hier, wenn möglich, zusätzliche Informationen bei Nachbarn oder befreundeten PV-Anlagenbetreibern einzuholen und sich die Komponenten direkt vor Ort anzuschauen und bestenfalls anzuhören. Dann kann individuell bewertet werden, ob die Geräusche tatsächlich störend sind. Oft liegt dies im Empfinden des Betrachters: Der eine ist sensibler, den anderen stören die Geräusche überhaupt nicht.

Wichtig für den Installationsort ist auch die Versorgung mit Internet. Die meisten modernen PV-Anlagen senden die Ertragsdaten an ein Portal auf dem Server des Herstellers, und manche funktionieren ohne Internetzugang gar nicht. Bei der Vernetzung ist eine physikalische Anbindung mittels Netzwerkkabel immer der Anbindung über WLAN vorzuziehen.

Wie schon beschrieben muss auch die Elektroverteilung an die neuesten Technischen Anschlussbestimmungen (TAB) angepasst werden. Bei älteren oder kleineren Elektroverteilungen muss eventuell der Zählerschrank getauscht werden. Das Mindestmaß für heutige Zählerschränke ist 110 mal 60 mal 30 Zentimeter. Der Tausch kann durchaus einen kompletten Tag in Anspruch nehmen. Wenn E-Auto und Wärmepumpe Einzug halten, wird über kurz oder lang zusätzlich ein Smart Meter verbaut werden. Derzeit ist deren Ausstattung nur bei PV-Anlagen über 7 Kilowatt-Peak oder einem Hausverbrauch über 6 000 Kilowattstunden verpflichtend.

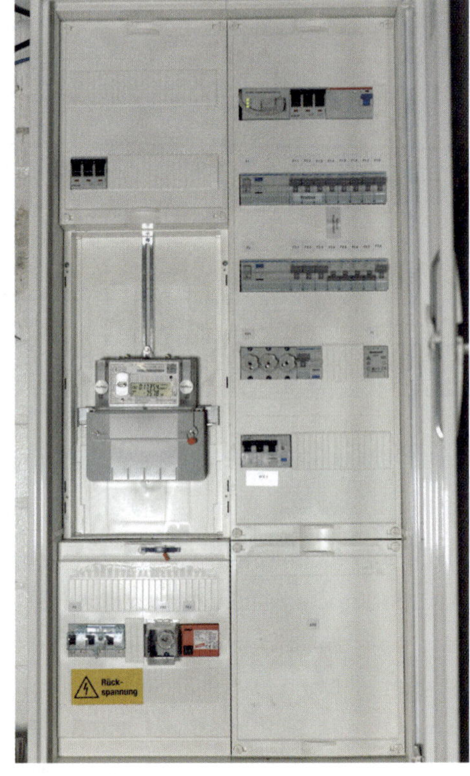

Der Zählerschrank muss die aktuellen Bestimmungen erfüllen und wird eventuell erneuert oder ausgetauscht

Neben der wechselstromseitigen Anbindung und Absicherung des Wechselrichters an die Elektroverteilung wird auch ein Überspannungsschutz installiert. Dieser bewahrt die Hauselektrik vor Schäden wie beispielsweise einem Blitzeinschlag. Außerdem muss eine Erdungsschiene mehrere Meter tief in das Erdreich neben dem Gebäude eingebracht werden, um gefährliche Ströme ableiten zu können.

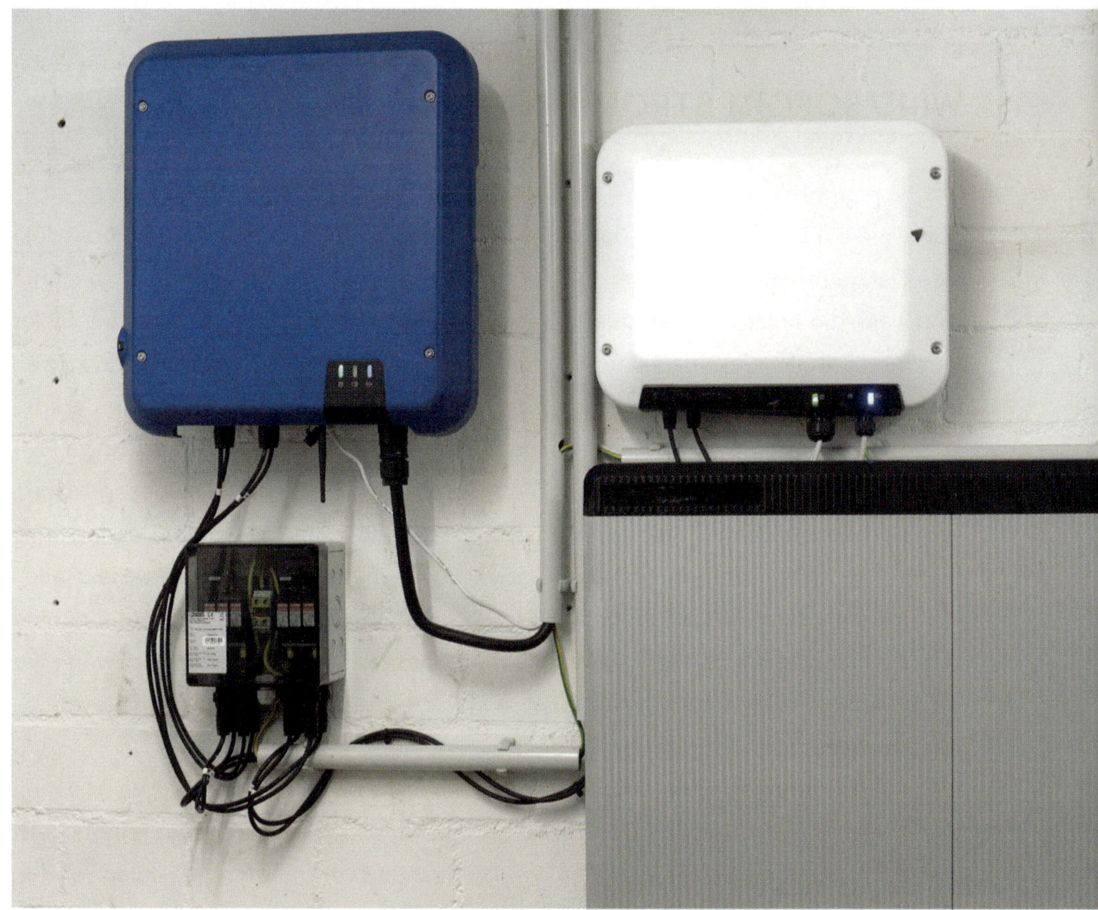

Die im Keller installierten Komponenten unserer PV-Anlage: zwei Wechselrichter (es reicht oft auch einer), der Überspannungsschutz (links unten) und unser Batteriespeicher (rechts unten)

Die Dauer der gesamten Installation bei einer durchschnittlich großen Anlage von 10 bis 15 Kilowatt-Peak beträgt im Normalfall zwischen zwei Tagen und einer Woche – je nachdem, wie kompliziert die Montage ist und wie viel Aufwand in den anderen Bereichen (Elektroverteilung, Erdarbeiten) betrieben werden muss.

WIRD SOFORT STROM PRODUZIERT?

Sobald die PV-Module und dazugehörige Geräte montiert und angeschlossen sind, kann die Anlage »scharf geschaltet« werden. Sobald der Installateur oder Elektriker die Anlage – wenn auch nur kurz – in Betrieb nimmt und diese dann auch sofort Strom produziert, spricht man von der »Inbetriebnahme«. Der Monat, in dem die erste Inbetriebnahme erfolgt ist, bestimmt die Höhe der Einspeisevergütung. Dabei spielt es auch keine Rolle, ob die Anlage nach der ersten Inbetriebnahme wieder vom Netz geht, weil noch nicht alle Formalien oder technischen Änderungen (zum Beispiel der Zählerwechsel oder die Abnahme durch den Netzbetreiber) erfolgt sind.

Rein rechtlich muss die Stromproduktion übrigens nach der Inbetriebnahme so lange pausieren, bis der neue Zähler eingebaut wird. Nötig ist hier ein Zweirichtungszähler, der sowohl den eingespeisten Strom als auch den Strom, der aus dem öffentlichen Netz bezogen wird, zählt. Zwar hat die EEG-Clearingstelle sich dahingehend geäußert, dass auch schon zum Zeitpunkt der Inbetriebnahme Strom eingespeist werden darf, wenn der Netzbetreiber darüber informiert wurde.

Aber alte Zähler laufen rückwärts, wenn Strom vom Dach ins Netz eingespeist wird, und verringern so rein bilanziell den nach wie vor vorhandenen Strombezug

Sobald die PV-Module und dazugehörigen Geräte montiert und angeschlossen sind, kann die Anlage »scharf geschaltet« werden

aus dem Netz – was rein rechtlich einem Betrug gleichkommt. Wer unsicher ist, was erlaubt ist, und wissen will, ob eventuell ein Foto vom aktuellen Zählerstand reicht, sollte sich unbedingt mit seinem Installateur absprechen.

Der Zählertausch ist übrigens kostenlos, der Netzbetreiber darf dafür kein Geld verlangen!

WIE FUNKTIONIEREN WARTUNG UND REINIGUNG?

Normalerweise ist bei PV-Anlagen auf geneigten Dächern eine regelmäßige Reinigung der Module nicht notwendig, da Schmutz, Staub und andere Verunreinigungen durch Regen und Wind abgetragen werden.

PV-Module auf steilen Dächern müssen nur selten oder gar nicht gereinigt werden

Anders sieht es bei Flachdächern aus. Hier ist die regelmäßige Reinigung - wenn möglich - empfehlenswert. Grund: Durch die oft nur in kleinem Winkel (zum Beispiel 10 oder 15 Grad) aufgeständerten Module sammeln sich an den Kanten oft Schmutzpartikel an, die auch bei Wind und Regen nur langsam oder gar nicht abrutschen. Die Folge sind Verunreinigungen vor allem an den Kanten. Die Module können mit einem weichen Schrubber oder Besen von Unrat und Schmutz befreit werden.

Härtere Materialien sollten hierfür nicht verwendet werden, da sich dadurch Mikrokratzer auf dem PV-Glas bilden können. Auch sollte destilliertes Wasser oder Wasser aus dem Regenfass eingesetzt werden, da dieses nicht so kalkhaltig ist wie das Leitungswasser.

Bei allem Putzeifer steht hier die eigene Sicherheit ganz klar im Vordergrund, denn gerade bei Aktivitäten auf dem Hausdach in mehreren Metern Höhe ist die Unfallgefahr (vor allem beim Auf- und Abstieg) nicht unerheblich. Garagendächer oder Carports sind meistens niedriger gebaut und somit etwas weniger risikoreich zu »erklimmen«.

Schnee:

Der größte Feind der solaren Stromproduktion ist der Schnee. Für den wirtschaftlich denkenden PV-Anlagenbetreiber sind die weißen Flocken meistens nicht so dramatisch, da dieses Naturphänomen in der Regel nur in den ertragsschwächeren Monaten auftritt. Aber Ausnahmen bestätigen auch diese Regel: Wenn es im März, April oder vielleicht auch noch im Mai schneit und die PV-Anlage sogar zwischenzeitlich ausfällt und gar keinen Strom mehr liefert, kann das schon für großen Unmut sorgen.

Für alle, die Photovoltaik der Unabhängigkeit wegen betreiben, ist Schneefall erst recht ärgerlich, da so die Eigenstromproduktion für mehrere Tage bis Wochen unterbrochen wird.

Jedoch sorgt die erste Schneeflocke nicht gleich für einen Totalausfall. Schnee ist von kristalliner Struktur und hell. So dringt auch bei einer wenige Zentimeter dicken Schneedecke auf den Modulen noch genug Sonnenlicht für eine geringe Produktion hindurch. Je dicker die Schneedecke, desto geringer aber die Produktion.

Bei Schnee auf dem Dach hilft oft nur abwarten. Keine Sorge:
Bei einer dünnen Schneedecke wird trotzdem noch Strom erzeugt.

Je nach Neigungswinkel der Module und Temperaturentwicklung kann sich das Problem übrigens von selbst erledigen. Wenn die Schneeschicht nicht feucht und angefroren ist, rutscht der Schnee oft im Laufe des Tages von selbst über die glatten Module vom Dach – vor allem, wenn nach dem Niederschlag die Sonne wieder auf die Module scheint.

Auf Flachdächern wie unserem klappt das allerdings nicht. Entweder man erträgt die Stromflaute dann mit Würde, oder man muss unter den entsprechenden Vorsichtsmaßnahmen rauf aufs Dach und die Module wieder freifegen. Wir haben die Erfahrung gemacht, dass mindestens ein Drittel der Module eines Strings freigeschaufelt werden müssen, bis wieder Strom erzeugt wird. Wenn möglich, empfiehlt es sich also, einen String in einen gut zugänglichen Bereich des Daches, des Carports oder der Garage zu legen, um zumindest einen Teil der Anlage wieder zum Stromerzeugen zu bringen.

Ein Wartungsvertrag ist bei PV-Anlagen normalerweise nicht nötig, denn in der Regel läuft die Anlage problemlos. Allerdings ist eine Wartungs- und Prüfungskontrolle alle vier Jahre gemäß VDE-Norm vorgeschrieben. Der Betreiber ist für deren Durchführung verantwortlich. Der Wechselrichter muss – mit großer Wahrscheinlichkeit – nach 10, 15 oder 20 Jahren getauscht werden. Hier entstehen Kosten im niedrigen vierstelligen Bereich. Stromspeichern sagt man eine Lebenserwartung von 15 bis 20 Jahren nach. Wie Technik und Preise bei Batterien in naher und ferner Zukunft aussehen werden, lässt sich derzeit noch schwer abschätzen.

Wenn PV-Module defekt sind, können sie ausgetauscht werden

Ein defektes Modul ist in der Regel relativ problemlos austauschbar. Hier muss nur darauf geachtet werden, dass die Leistungsdaten des getauschten Moduls mit denen der übrigen Module in diesem String in etwa entsprechen oder höher sind. Wird ein Modul mit deutlich schwächerer Peak-Leistung verbaut, beeinträchtigt das den kompletten String. Es sollte regelmäßig geprüft werden, ob die Anlage noch mit kompletter Leistung arbeitet. Wenn Leistungseinbrüche festgestellt werden, muss geprüft werden, ob alle Module noch einwandfrei arbeiten. Das kann über die Einzeloptimierer oder auf String-Ebene geschehen.

ENTSORGUNG

Wie lange hält eine PV-Anlage? Sind die Module nach wenigen Jahren nicht mehr so leistungsfähig wie bei der Installation? Sind Module und Geräte dann Elektroschrott und Sondermüll?

Hier ist zuallererst Entwarnung angesagt! Die Degradation – also die kontinuierliche Abnahme der Leistung der Module und Geräte – ist längst nicht so stark, wie oft behauptet wird. Im Gegenteil: Je nach Qualität der Komponenten ist sogar in vielen Fällen keine oder nur eine kaum messbare Ertragsminderung festzustellen.

Auf Hausdächern erlebten PV-Anlagen erst mit Einführung des EEG im Jahr 2000 einen Boom, sodass sich die Erfahrungen der meisten privaten PV-Anlagen bisher nur auf die vergangenen 20 Jahre beziehen.

Langzeitstudien der Hochschule für Technik und Wissenschaft (HTW) Berlin belegen aber, dass auch Module nach über 40 Jahren Betriebsdauer immer noch Strom produzieren und noch lange nicht zum »alten Eisen« geschweige denn auf den Recyclinghof gehören.

Wer seine PV-Anlage oder einzelne Module entsorgen will, kann das in Deutschland als Privatperson übrigens kostenlos tun. Die Kosten für eine Komplettdemontage und den Transport zum Recyclinghof muss der Betreiber allerdings selbst zahlen.

Aber wer einmal seinen eigenen Strom erzeugt hat, wird in den meisten Fällen auf einen kompletten Abbau verzichten. Wenn die Unterkonstruktion dafür geeignet ist, können stattdessen alte, leistungsschwache oder defekte durch neuere, stärkere Module ersetzt werden. Dadurch wird die in die Jahre gekommene Anlage »repowert«, also leistungsmäßig aufgewertet. Hier muss nur darauf geachtet werden, dass der komplette String ersetzt wird und die Spannung der neuen Module noch dem Leistungsspektrum des vorhandenen Wechselrichters entspricht.

Notizen

Notizen

DIE FORMALIEN MEINER PHOTOVOLTAIKANLAGE

Wer eine PV-Anlage betreibt, muss einige Formalitäten erledigen

WER IST WANN WORÜBER ZU INFORMIEREN?

Einer der Hauptkritikpunkte, die gegen die Errichtung einer PV-Anlage sprechen, ist die übereifrige Bürokratie. Wer seinen eigenen Strom vom Dach erzeugen will, muss viele Formulare ausfüllen, Anmeldungen an mehreren Stellen durchführen und sich zudem noch mit dem Finanzamt auseinandersetzen.

Wir wollen versuchen, ein wenig Ordnung in das vermeintliche Wirrwarr der Bürokratie zu bringen, und zeigen, was von wem wann durchgeführt werden muss.

Wer eine PV-Anlage betreiben möchte, muss das Netzanschlussbegehren stellen. Hierbei handelt es sich um eine Information an den zuständigen Verteilnetzbetreiber, dass eine PV-Anlage gemäß §21, Absatz 1 und 2 EEG 2021/2023 mit einer bestimmten Leistung zu einem bestimmten Zeitpunkt an einer bestimmten Adresse installiert werden soll. Das Netzanschlussbegehren kann der Installateur, aber auch der zukünftige PV-Anlagenbetreiber selbst als formlosen Antrag per E-Mail an den jeweiligen Verteilnetzbetreiber – das sind in den meisten Fällen die Stadtwerke – stellen.

Das Netzanschlussbegehren sollte rechtzeitig, also spätestens zwei Monate vor der ersten Inbetriebnahme, eingereicht werden. Wird der Antrag rechtzeitig gestellt, gibt es ab dem Zeitpunkt der Inbetriebnahme der PV-Anlage auch gesichert die Einspeisevergütung.

Alle weiteren Meldungen und Anträge an den Netzbetreiber stellt der Installateur. Der Betreiber muss nur seine Unterschrift leisten.

Nach der Anmeldung der Anlage beim Netzbetreiber führt dieser eine Netzverträglichkeitsanalyse durch. Ältere oder marode Stromnetze können durch zu hohe Netzeinspeisungen – zum Beispiel durch mehrere PV-Anlagen in einer Straße – an ihre Belastungsgrenzen geführt werden. Hier muss der Netzbetreiber im Sinne der gesicherten Stromversorgung agieren.

DER EINTRAG INS MARKTSTAMMDATENREGISTER

Das Marktstammdatenregister, abgekürzt MaStR, ist das zentrale Register für den deutschen Strom- und Gasmarkt. Im Marksstammdatenregister sind vor allem die Stammdaten zu Strom- und Gaserzeugungsanlagen zu registrieren. Außerdem sind die Stammdaten von Marktakteuren wie Anlagenbetreibern, Netzbetreibern und Energielieferanten anzugeben. Das Marktstammdatenregister wird von der Bundesnetzagentur geführt. Als Mitglied in diesem Register kann man sich aber auch vielfältigste Auswertungen anzeigen lassen, zum Beispiel: Wie viel Photovoltaik ist eigentlich in meiner Stadt, in meinem Bundesland oder gar in ganz Deutschland installiert?

Seit 2021 läuft ein bundesweiter Wettbewerb für Städte und Gemeinden, bei dem es um den beschleunigten Ausbau von Photovoltaik geht. Das Ziel der Initiatoren ist, die Energiewende in Deutschland durch den Ausbau von Photovoltaik zu beschleunigen. Die erste Runde des »Wattbewerbs« läuft so lange, bis die erste Großstadt die installierte PV-Leistung je Einwohnerin und Einwohner verdoppelt hat. Für die Auswertung greift der »Wattbewerb« auch auf das Marktstammdatenregister zurück. Wer wissen will, ob seine Stadt oder Gemeinde teilnimmt und wie der aktuelle Stand ist, findet den weiterführenden Link am Ende des Buches.

Spätestens einen Monat nach der Inbetriebnahme muss die PV-Anlage im Marktstammdatenregister eingetragen worden sein. Die erforderlichen Daten hierfür gibt es vom zuständigen Verteilnetzbetreiber, in der Regel sind das die lokalen Stadtwerke.

Für die PV-Anlagen und für einen eventuell vorhandenen Speicher werden Anlagenummern vergeben, die dann ins Marktstammdatenregister eingetragen werden müssen. Mithilfe der Einträge im Marktstammdatenregister bekommt die Bundesnetzagentur einen Überblick über alle in Deutschland installierten PV-Anlagen und Speicher und somit auch über die gesamte Energieerzeugung durch PV.

WAS MUSS ICH FÜR DAS FINANZAMT BEACHTEN?

Wer eine PV-Anlage betreibt und mit dieser nicht nur sich selbst mit Strom versorgt, sondern auch seine Überschüsse gegen Geld ins öffentliche Netz einspeist, der wird unternehmerisch tätig.

Wir weisen an dieser Stelle ausdrücklich darauf hin, dass wir keine Steuerexperten sind und hier nur grob die Abläufe und Möglichkeiten der verschiedenen Steuermodelle skizzieren.

Der erste Kontakt mit dem Finanzamt ist das Ausfüllen des Fragebogens zur steuerlichen Erfassung. Man kann sich diesen vom Finanzamt mit dem Hinweis auf den anstehenden Betrieb einer PV-Anlage mit Überschusseinspeisung zusenden lassen. Neben allgemeinen Angaben zur Person, zur steuerlichen Situation und zur Art des Betriebs gibt es hier auch die Wahlmöglichkeit, ob man umsatzsteuerlich regelbesteuert werden will oder sich für die Kleinunternehmerregelung entscheidet. Die Auswahl ist für den PV-Anlagenbetreiber freiwillig, aber bindend und wirkt sich unmittelbar auf die Wirtschaftlichkeit der Anlage aus.

Wer eine PV-Anlage mit Einspeisung betreibt, kommt mit zwei Bereichen des deutschen Steuerrechts in Berührung: mit der Umsatzsteuer und der Ertragssteuer. Beide haben nichts miteinander zu tun und sind vollkommen unabhängig voneinander zu betrachten.

Umsatzsteuer:

Entscheidet sich der PV-Anlagenbetreiber für die Regelbesteuerung, muss er in den ersten beiden Jahren vierteljährlich eine Umsatzsteuervoranmeldung und für den Zeitraum von fünf Steuerjahren jährlich eine Umsatzsteuererklärung beim Finanzamt einreichen. Das klingt erst mal nach viel Arbeit, ist aber im Grunde genommen eine immer wiederkehrende Tätigkeit mit veränderten Zahlen – je nach Ertrag und Eigenverbrauch durch die PV-Anlage.

Neben dem dafür notwendigen bürokratischen Aufwand sind zwei wirtschaftliche Aspekte zu beachten. Mit der ersten Umsatzsteuervoranmeldung, also unmittelbar nach Inbetriebnahme der Anlage, kann der Betreiber die beim Anlagenkauf gezahlte Umsatzsteuer als Vorsteuer geltend machen und erhält diese vom Finanzamt zurückerstattet. Bei einer 10 Kilowatt-Peak großen PV-Anlage können hier schnell 3 000 Euro zusammenkommen.

Auf der anderen Seite steht aber eine zusätzliche Ausgabe. Und zwar muss bei diesem Modell auch der Eigenverbrauch aus der PV-Anlage versteuert werden. Klingt merkwürdig, ist aber deutsches Steuerrecht und nennt sich »betriebliche Wertentnahme«. Zur Berechnung wird hier die Umsatzsteuer herangezogen, die auch auf den Strombezug aus dem Netz erhoben wird.

Nach Ende des fünften Steuerjahres ist dann der Wechsel in die Kleinunternehmerregelung (KUR) möglich, und man hat umsatzsteuerlich nichts mehr mit dem Finanzamt zu tun.

Wer sich im steuerlichen Fragebogen gleich für die Kleinunternehmerregelung entscheidet, lässt das Finanzamt umsatzsteuerlich komplett links liegen, zahlt dann aber auch den vollen Bruttopreis für die PV-Anlage. Wirtschaftlich lohnt sich immer das Modell mit der Regelbesteuerung mit Wechsel zur Kleinunternehmerregelung nach Abschluss des fünften Steuerjahrs. Wir rechnen das einmal vor:

Kauf einer PV-Anlage von 10 kWp brutto:	**15 000 Euro**
Rückerstattung der Mehrwertsteuer von 19 % mit der ersten Umsatzsteuer-Voranmeldung:	2 395 Euro
Umsatzsteuer auf Eigenverbrauch von 2 000 kWh jährlich bei einem Strompreis von 30 Cent und 19 % Umsatzsteuer auf 5 Jahre gerechnet:	480 Euro
Wirtschaftlichkeit durch Wahl der Regelbesteuerung:	**+ 1915 Euro**

In diesem Beispiel macht der PV-Anlagenbetreiber, der sich für die Regelbesteuerung entscheidet, ein Plus von 1 915 Euro, welches er auch schon zeitnah nach der Aufnahme des PV-Anlagenbetriebes wieder in der eigenen Tasche hat.

Achtung: Für alle, die ihre erste Photovoltaikanlage erst nach dem 1. Januar 2023 in Betrieb nehmen und die Schlussrechnung begleichen, gibt es mit dem Jahressteuergesetz 2022 eine erhebliche Vereinfachung. Das Bundesministerium für Finanzen hat, einer Richtlinie der Europäischen Union folgend, den Mehrwertsteuersatz auf Photovoltaikanlagen, Speicher, Zubehör und deren Installationsarbeiten auf 0 Prozent gesenkt. Somit können Neubetreiber ab 2023 direkt in die Kleinunternehmerregelung gehen und haben auf der Umsatzsteuerseite nichts mehr mit dem Finanzamt zu tun. Damit müssen auch keine Steuern mehr auf selbsterzeugten PV-Strom gezahlt werden.

Ertragssteuer:

Vollkommen unabhängig von der Wahl der umsatzsteuerlichen Behandlung ist der Bereich der Ertragssteuer zu betrachten. Hier geht es um die Gewinne und Verluste, die mit dem Betrieb der PV-Anlage erwirtschaftet werden. In Zeiten hoher Einspeisevergütungen war dies ein sehr bedeutender Teil der Wirtschaftlichkeitsberechnung einer PV-Anlage, da die damals hohen Reingewinne durch Einspeisung großen Einfluss auf die gesamte Einkommenssteuer des PV-Anlagenbetreibers hatten.

Heutzutage bewegen sich private Stromerzeuger eher am Rande der steuerlichen Gewinnerzielungsabsicht, wenn nicht sogar darunter. Die überschaubaren Gewinne durch die niedrige Einspeisevergütung werden meist durch die Abschreibung der Anlage ausgeglichen, sodass am Ende der steuerlichen Betrachtung gar kein Plus mehr steht. Eine solche Situation führt über kurz oder lang zu einer Einstufung als Liebhaberei seitens der Finanzbehörde und somit zur Aberkennung des Status als Gewerbetreibender. Da das Bundesamt für Finanzen diese Tatsache inzwischen auch erkannt hat, wurde im Jahressteuergesetz 2022 geregelt, dass PV-Anlagen bis 30 Kilowatt-Peak ab 2023 auf Antrag als Liebhaberei eingestuft und von der erstragsteuerlichen Behandlung befreit werden können. Hierfür gibt es ein entsprechendes Formular beim Finanzamt.

Wer also mit dem Finanzamt gar nichts zu tun haben will und auf die Rückerstattung der Mehrwertsteuer des Anlagenkaufs verzichtet oder nach dem 1. Januar 2023 die PV-Anlage in Betrieb genommen hat und somit zum 0 Prozent-Steuersatz eingekauft hat, der wählt im Umsatzsteuerbereich die Kleinunternehmerregelung und beantragt im Ertragssteuerbereich die Einstufung als Liebhaberei.

Für alle, die das bis hierhin nicht abgeschreckt hat, betrachten wir nun auch noch den ertragssteuerlichen Teil. In der Einnahmenüberschussrechnung (EÜR) werden die Gewinne und Verluste, die mit der PV-Anlage im abgelaufenen Jahr erzielt wurden, einmal im Jahr ermittelt. Es wird also der Saldo aus Einnahmen und Ausgaben gezogen. Zu den Einnahmen gehören dabei neben der erhaltenen Einspeisevergütung auch Umsatzsteuern, die dem Gewerbe zugeflossen sind. Hinzu kommt die selbst entnommene Energiemenge, allerdings nicht – wie bei der Umsatzsteuer – zum ortsüblichen Preis, sondern zu den Selbstkosten, sodass diese Erträge relativ gering sind.

Auf der Ausgabenseite stehen dagegen Umsatzsteuern, die gezahlt wurden, sowie Ausgaben, die zum Betrieb der PV-Anlage getätigt wurden. Hierzu zählen unter anderem Versicherungsbeiträge, Kreditzinsen und Anschaffungen rund um die PV-Anlage. Hier sind dem Anlagenbetreiber aber eher enge Grenzen gesetzt. Ob zum Beispiel die Anschaffung eines teuren Hightech-Notebooks inklusive Zubehör mit der Begründung der Anlagenüberwachung steuerlich geltend gemacht werden kann, ist eher fraglich.

Ein wichtiger Teil der Ertragsteuer sind die Abschreibungsmöglichkeiten. PV-Anlagen erhalten 20 Jahre lang eine feste Einspeisevergütung und werden so auch in ihrer Nutzungsdauer auf diesen Zeitraum ausgelegt. Die Abnutzung des Wirtschaftsguts PV-Anlage kann gleichmäßig also linear über diese 20 Jahre abgeschrieben werden. Jährlich kann also in der Einnahmenüberschussrechnung ein Zwanzigstel der Anlage steuerlich abgeschrieben werden. Dies nennt man auch die Absetzung für Abnutzung (AfA).

Wie jede andere gewerbliche Investition kann auch die PV-Anlage schon einige Jahre vor ihrer Installation steuerlich geltend gemacht werden. Über den Investitionsabzugsbetrag können 50 Prozent der Anschaffungskosten der PV-Anlage bereits im dritten Steuerjahr vor der eigentlichen Anschaffung steuerlich geltend gemacht werden. Hierbei handelt es sich quasi um ein staatliches Förderprogramm für gewerbliche Investitionen. So kann schon vor dem Aufbringen der Investitionssumme ein Teil durch steuerliche Einsparung angespart werden.

Über eine Sonderabschreibung können gleich zu Beginn 20 Prozent des Anlagenkaufpreises abgeschrieben werden. Diese Art der Abschreibung ermöglicht Gewerbetreibenden, die ersten 20 Prozent der linearen Abschreibung frei auf die ersten fünf Jahre nach Anlagenkauf zu verteilen. So kann die Abschreibung dieser 20 Prozent auf Jahre verteilt werden, in denen die Steuerlast wegen fehlender anderer Ausgaben besonders hoch zu werden droht.

Die steuerliche Behandlung einer PV-Anlage mag auf den ersten Blick abschreckend wirken. Auch wir standen am Anfang mit vielen Fragezeichen vor dieser Aufgabe. Aber nachdem wir uns in die Thematik eingelesen hatten, wurde vieles klarer. Und schlussendlich war der Stundenlohn, den wir mit den finanziellen Vorteilen durch die vollständige steuerliche Behandlung der PV-Anlage sowohl auf Umsatz- als auch auf Ertragssteuerseite erzielt hatten, keineswegs zu verachten. Bei den steuerlichen Vorteilen sprechen wir immerhin von einigen Tausend Euro.

MUSS ICH FÜR MEINE PV-ANLAGE EIN GEWERBE ANMELDEN?

Wer mit einer PV-Anlage Strom ins Netz einspeist, wird damit gewerblich tätig. Daher stellt sich immer wieder die Frage, ob man den Betrieb einer PV-Anlage als Gewerbe anmelden muss. Dazu gibt es unterschiedliche Aussagen. Etwa, dass es sich nur dann um ein Gewerbe handelt, wenn sich die PV-Anlage auf einem nicht selbst genutzten Gebäude oder einem gewerblich genutzten Gebäude befindet. Und Gewerbesteuer wird erst fällig ab einem Jahresgewinn von 24 500 Euro. Eindeutig uneindeutig also. Wer auf Nummer sicher gehen will, fragt bei seinem Steuerberater oder beim zuständigen Gewerbeamt nach.

IST EIN EINSPEISEVERTRAG NÖTIG?

Nachdem die Anlage montiert und angemeldet ist, das Finanzamt informiert wurde und der Installateur dem Netzbetreiber die notwendigen Daten übermittelt hat, wird sich jener Netzbetreiber mit einem sogenannten Einspeisevertrag melden. Das kann wenige Tage, aber auch mehrere Wochen dauern. Wir empfehlen, diesen Vertrag genau durchzulesen und zu hinterfragen. Falls Passagen unklar sind, sollte der Vertrag nicht unterschrieben, sondern abgelehnt werden. Grund: Das EEG regelt alles rechtlich Relevante zum Thema Einspeisung, sodass eigentlich kein zusätzlicher Vertrag vorgeschrieben ist und der Netzbetreiber hier keine Handhabe hat.

Muss ich meinen Strom überhaupt einspeisen?

Wer den überschüssigen Strom ins öffentliche Netz einspeist, sorgt unter anderem dafür, dass auch diejenigen »grünen« Strom erhalten, die keine eigene

PV-Anlage besitzen, weil sie beispielsweise zur Miete wohnen oder ein nicht geeignetes oder verschattetes Dach auf dem Haus haben.

Wer sich für eine sogenannte »Nulleinspeiselösung« entscheidet, bekommt keine Einspeisevergütung ausbezahlt. Er muss – auch wenn die Anlage größer als 10 Kilowatt-Peak ist – keine Gewinn- und Verlustrechnung aufstellen, da er keinen Strom an den Netzbetreiber verkauft und somit auch nicht gewerblich tätig ist.

Nachteil hier ist: Der überschüssige saubere Strom, der nicht selbst verbraucht wird, wird verworfen und kann so auch nicht für die Energiewende in unserem Land genutzt werden.

Nulleinspeise-Anlagen sollten nur in Gegenden mit sehr marodem Stromnetz zum Einsatz kommen, um das Netz dort nicht weiter zu belasten. Viele Betreiber setzen allerdings auf Nulleinspeisung, um der Bürokratie zu entgehen. Ein Irrglaube, denn die Nulleinspeise-Anlage muss laut Bundesnetzagentur genauso beim Netzbetreiber und im Marktstammdatenregister angemeldet werden, da es sich um eine mittel- oder unmittelbar mit dem öffentlichen Stromnetz verbundene Anlage handelt. Und auch die elektrische Verteilung muss in diesem Fall den Anschlussbedingungen des Netzbetreibers entsprechen.

Einziger Unterschied zur Überschuss-Einspeiseanlage ist die abgeregelte Einspeisung, die dem öffentlichen Stromnetz entgeht, und damit einhergehend die entfallende Einspeisevergütung.

Wer weniger als 10 Kilowatt-Peak auf dem Dach hat, müsste sich aber theoretisch gar nicht mit dem Finanzamt auseinandersetzen. Die PV-Anlage könnte als Überschuss-Einspeiseanlage – ohne Finanzamt – betrieben werden, wie im Kapitel zur steuerlichen Betrachtung der PV-Anlage beschrieben. So wäre der überschüssige Strom nicht verloren, sondern wäre auch für diejenigen verfügbar, die keine eigene PV-Anlage besitzen. Und es gibt noch den Obolus für die Netzeinspeisung on top.

Nulleinspeisung oder Inselanlage?

Anmeldefrei sind einzig reine Inselanlagen, die komplett vom Netz getrennt sind und auch nur ein Stromnetz bedienen, das ebenfalls komplett vom Netz getrennt betrieben wird. Diese Art von PV-Anlage wird sinnvoll eingesetzt in Bereichen, in denen es keinen Zugang zum öffentlichen Stromnetz gibt, wie zum Beispiel in Kleingärten oder an Wohnmobilen. Die Inselanlage baut ihr eigenes Stromnetz auf und wird in den meisten Fällen zusammen mit einem Stromspeicher betrieben.

Volleinspeisung oder Überschusseinspeisung?

Wer Strom ins öffentliche Stromnetz einspeisen und dafür eine Vergütung erhalten möchte, hat die Wahl zwischen Volleinspeisung oder Überschusseinspeisung.

Volleinspeisung: Der komplette Strom, den die Anlage erzeugt, wird ins öffentliche Stromnetz geleitet. Der selbst benötigte Strom wird bei diesem Prinzip weiter vom Energieversorger bezogen. Vorteil der Volleinspeisung: Die Vergütung ist rund 50 Prozent höher als die des Überschuss- oder Teileinspeisers.

Überschusseinspeisung: Der Überschusseinspeiser – auch Prosumer genannt – nutzt nur den Teil des selbst produzierten Stroms, der gerade benötigt wird. Der Rest wird gespeichert oder ins öffentliche Netz eingespeist. Der wirtschaftliche Vorteil liegt hier beim geringeren Netzbezug: Jede Kilowattstunde, die nicht gekauft werden muss, spart Geld.

In der Realität kommen Volleinspeiser oft im gewerblichen Bereich vor, wenn die Anlage auf einem fremden Dach oder auf einem Nichtverbraucher wie zum Beispiel landwirtschaftlichen Ställen installiert ist. Auf Privat- und Geschäftsgebäuden wird überwiegend die Überschusseinspeisung genutzt.

Physikalisch unterscheiden sich beide Anlagentypen nur durch die Art des Anschlusses, also vor oder hinter dem Stromzähler. Die Stromflüsse werden also bilanziell unterschiedlich ermittelt. Da der Strom immer den Weg des geringsten Widerstands geht und somit zum nächsten Verbraucher abfließt, wird in beiden Fällen der Eigenverbrauch zuerst bedient.

MUSS ICH MEINE PV-ANLAGE VERSICHERN?

Sobald die PV-Anlage läuft, sollte auch über eine Versicherung nachgedacht werden. Für die Reguli erung von Sachschäden sollte die PV-Anlage in die Gebäudehaftpflichtversicherung aufgenommen werden.

Welche Schäden können auftreten?

Sturmschäden: Bei starkem Wind können Module vom Dach und vom Balkon gerissen und zerstört werden. Zudem können umherfliegende Module auch Sachschäden an fremden Gebäuden, Fahrzeugen oder Personen verursachen. Bruchschäden: Beschädigungen der Module durch äußere Einflüsse. Hagelschauer können ebenso Beschädigungen an den Modulen verursachen wie angrenzende Bäume und große Äste, die auf die PV-Anlage fallen können. Eine Versicherung für die Regulierung von Sachschäden an der PV-Anlage ist auf jeden Fall empfehlenswert.

Wer mag, kann eine zusätzliche »Betriebsausfallversicherung« abschließen. Diese springt ein, wenn die PV-Anlage wegen eines Schadens keinen Strom produziert, und deckt die entgangenen Einnahmen ab. Das lohnt sich aber erst ab einer Anlagengröße, die jenseits der Möglichkeiten herkömmlicher Privatgebäude liegt.

UNSER TIPP

Wer eine bestehende Gebäudeversicherung mit guten Konditionen und niedriger Prämie hat, sollte überlegen, die Versicherung für die PV-Anlage separat abzuschließen. Grund: Versicherer könnten die Änderung des Risikos zum Anlass nehmen, den gesamten Vertrag zu erneuern – mit schlechteren Konditionen.

WAS IST BEI EINER ERWEITERUNG DER PV-ANLAGE ZU BEACHTEN?

Nun läuft sie also, die eigene PV-Anlage, und versorgt den Haushalt mit Strom. Alle Verträge sind unterschrieben, alle Formalitäten abgehakt, die Schlussrechnung ist beglichen und das Finanzamt informiert. Dann kommt der erste Winter, und die Erträge sind an manch trüben Wintertagen kaum noch zu erkennen. Der Speicher hat auch nur noch wenig zu tun und zieht stattdessen sogar Strom aus dem Netz, um sich selbst zu versorgen. Spätestens dann geht die Suche nach noch belegbaren Flächen los.

Wir haben gewarnt: Photovoltaik macht süchtig! Sind noch freie Flächen gefunden und der Entschluss ist gefasst, spätestens vor dem nächsten Winter mehr Module auf das Dach zu legen, gilt aber auch hier, einige Regularien zu beachten. Wird die Anlage innerhalb eines Jahres nach der Inbetriebnahme der Erstanlage um weitere Module ergänzt, handelt es sich um eine Erweiterung der Bestandsanlage. Hier gilt, dass die Erweiterung mit derselben Einspeisevergütung verrechnet wird wie die Ausgangsanlage. Dabei ist es unerheblich, ob die Module an denselben Wechselrichter angeschlossen werden oder an einen separaten. Bei Erweiterung an einem Wechselrichter ist zu beachten, dass dieser die Spannung der zusätzlichen Module verkraften muss. Außerdem sollten Module in einem String nicht unbedingt gemischt werden, da sich die Gesamtleistung an der Leistung der schwächeren Module orientiert.

Liegen indes mehr als zwölf Monate zwischen den beiden Inbetriebnahmen, gilt die Erweiterung rechtlich als neue Anlage und erhält die dann gültige Einspeisevergütung. Dies setzt aber nicht zwingend voraus, dass sie über einen separaten Zähler abgerechnet wird. Hier kann auch eine Mischvergütung über den schon vorhandenen Zähler beantragt werden. Dabei werden die beiden unterschiedlichen Einspeisevergütungen mit den Leistungen der beiden Anlagen anteilig berechnet.

Wer sich dazu entschließt, seine Photovoltaikanlage zu erweitern, muss einige Regularien beachten.

Notizen

Notizen

CHECKLISTE: AN ALLES GEDACHT?

Sobald die Entscheidung für eine PV-Anlage gefallen ist, stehen diverse Aufgaben an. Um systematisch vorzugehen, haben wir eine Checkliste erstellt, die Punkt für Punkt abgearbeitet werden kann.

Was ist zu tun?	Termin/erledigt
Geeignete (Dach-)Flächen auswählen Sonnen- und Schattenverlauf beobachten	
Strombedarf jetzt und in Zukunft prüfen · sind zusätzliche Großverbraucher geplant (z. B. E-Auto, Wärmepumpe)?	
Förderungsmöglichkeiten durch Kommune/Land/Bund prüfen	
Rücksprache mit Nachbarn oder Behörden halten · gibt es spezielle Vorschriften (zum Beispiel Abstände bei Reihenhäusern oder Doppelhaushälften)? Wie verhält es sich mit der Optik?	

Was ist zu tun?	Termin/erledigt
Größe der Anlage festlegen · Speicher ja oder nein?	
Einspeisung ja oder nein? Wenn ja: Volleinspeiser oder Prosumer?	
Finanzierung prüfen	
Angebote einholen und prüfen, Auftrag erteilen	
Finanzamt informieren, Fragebogen für steuerliche Erfassung beantragen oder direkt über das Steuerprogramm Elster ausfüllen	
Spätestens zwei Monate vor Inbetriebnahme Netzanschlussbegehren beim Netzbetreiber stellen (formlos) – kann auch der Solateur erledigen	
Installation: Alle Punkte aus dem Angebot prüfen – fehlt etwas?	
Versicherung abschließen	
Nach Inbetriebnahme: Anmeldung im Marktstammdatenregister Ist der Zählerwechsel erfolgt?	
Dokumentation der Erträge, Spaß haben, weitersagen!	

Eigenes Verbrauchsprofil (zum ausfüllen)

Verbraucher	Spitzenleistung	Verbrauch pro Tag
Waschmaschine		
Spülmaschine		
Wäschetrockner		
Durchlauferhitzer		
E-Auto		
Fön (verschiedene Stufen)		
Toaster		
Fernseher		
LED-Lampe		
Herdplatte		
Backofen		
Kaffeemaschine		
Staubsauger		
Bügeleisen		
Kühlschrank		

Notizen

WAHR ODER NICHT WAHR? ACHT BEHAUPTUNGEN ÜBER PHOTOVOLTAIK

Auf den vorangegangenen Seiten haben wir aufgezeigt, wie man zu einer maßgeschneiderten eigenen PV-Anlage kommt. An dieser Stelle wollen wir noch mit ein paar Fehlinformationen und Behauptungen aufräumen, die sich rund um die solare Eigenstromerzeugung ranken und immer wieder hervorgekramt werden.

PV-Anlagen sind teuer!

Das ist richtig, man muss für eine vernünftig geplante Anlage schon in den fünfstelligen Eurobereich gehen. Allerdings tätigt man diese Investition in eine langfristige Zukunft. Dreißig Jahre und mehr erzeugen heutige Solarmodule zuverlässig und ohne große Leistungseinbußen Strom. Für 20 Jahre erhält man für die Stromüberschüsse eine Vergütung. Über diesen Zeitraum hinaus senkt man seine Energiebezüge vom Stromversorger. Und zukünftig wird die eigene PV-Anlage auch die Fahrt zur Tankstelle obsolet machen, genauso wie die Bestellung des Heizöltankwagens. Wer alle Energiebereiche auf Strom umstellt, kann mit einer vernünftig geplanten Anlage 50 Prozent seines Energiebedarfs und mehr für Wohnen, Mobilität und Wärme zukünftig zum Festpreis beziehen. Außerdem ist die PV-Anlage der einzige Bestandteil des Eigenheims, der im Endeffekt kein Geld kostet, sondern sogar noch welches einspart!

Einspeisen lohnt nicht mehr, die Vergütung ist viel zu gering geworden!

Zugegeben, reich wird man mit Photovoltaik nicht mehr unbedingt. In den Pionierzeiten der frühen 2000er-Jahre sah die Sache noch anders aus. Wer damals jenseits der 100 000 Euro in PV-Module – eine noch recht unbekannte und ungewisse Technik – investierte, hat sein Investment heute gleich mehrfach wieder hereingeholt. Aber darum geht es bei heutigen PV-Anlagen gar nicht mehr, und das soll es auch nicht. Die hohen Vergütungen von damals waren eine Anschubfinanzierung in die saubere Stromerzeugung mit teurer Technik. Heute sind die Preise für die Komponenten so erschwinglich geworden, dass schon eine relativ niedrige Einspeisevergütung die Kosten der Anlage trägt. Optimiert werden diese vielmehr auf Eigenverbrauch. In unsicheren Zeiten steigender Energiepreise hat inzwischen die Strombezugsersparnis den Löwenanteil an der Amortisation einer PV-Anlage übernommen. Aber auch die Einspeisung liefert weiterhin ihren Teil zur Wirtschaftlichkeit der PV-Anlage.

Ohne Sonne gibt es keinen Photovoltaikstrom!

Viele Menschen stellen sich vor, dass eine PV-Anlage nur bei Sonnenschein Strom erzeugt. Auf der anderen Seite gibt es aber auch Optimisten, die davon ausgehen, dass schon bei Vollmond die ersten Elektronen vom Dach ins Haus fließen. Beides können wir so nicht bestätigen. Wie hell die Nacht auch ist, für die Stromerzeugung reicht das Licht des Erdtrabanten in keiner Weise aus. Ebenso haben wir aber auch noch keinen Tag erlebt, an dem unsere Anlage keinen Strom erzeugt hätte. Selbst während der partiellen Sonnenfinsternis im Jahr 2021 versorgte sich unser Haushalt weiterhin direkt aus der PV-Produktion. Auch ein heftiges Sommergewitter mit tiefschwarzen Wolken kann zu einem kurzfristigen Abschalten des Wechselrichters führen. Solche Situationen halten aber selten länger als eine halbe Stunde an. Einzig eine ausreichend dicke Schneedecke kann verhindern, dass tagsüber in unseren Breitengraden Photovoltaikstrom produziert wird.

Photovoltaik kann nur auf unverschatteten Süddächern betrieben werden!

Diese These stammt noch aus der Anfangszeit der solaren Stromproduktion. Damals war die Technik so teuer, dass in der Tat nur mit etwa 35 Grad nach Süden zeigende Dächer für Photovoltaik ausgewählt wurden. Denn es ging um den maximal möglichen Ertrag für das investierte Vermögen. Damals gab es auch nur Volleinspeise-Anlagen, die den gesamten selbst erzeugten Strom direkt ins Stromnetz einspeisten. Das sah das damalige EEG so vor.

Heutzutage werden immer häufiger auch Ost-West-Dächer belegt. Diese bringen gleich mehrere Vorteile mit sich. Da nie beide Dachseiten gleichzeitig in idealer Ausrichtung zur Sonne stehen, gibt es nicht die für Süd-Anlagen typische Mittagsspitze. Das freut den Netzbetreiber, da der Strom gleichmäßiger ins Netz eingespeist wird. Auch den Betreiber mit Eigenverbrauch freut dieses Verhalten, da sich die Stromproduktion mehr über den Tag verteilt. So gibt es schon früh am Tag genug Power vom Ostdach, um den Morgenkaffee mit selbst erzeugtem Strom zu brühen. In den Abendstunden wiederum scheint die Sonne auf die in Richtung Westen ausgerichteten Module und sorgt für ausreichend Energie zum Zubereiten des warmen Abendessens. Der dritte große Vorteil des Ost-West-Dachs ist die wesentlich größere nutzbare Fläche.

Der bürokratische Aufwand ist riesig und abschreckend!

Ja, Bürokratie kann in der Tat abschreckend sein. Aber »riesig« ist in diesem Fall doch nicht ganz zutreffend. Wir haben in diesem Buch bereits an mehreren Stellen beschrieben, welche Anmeldungen und Formalitäten notwendig sind und welche Pflichten PV-Anlagenbetreiber haben. Die meisten davon liegen aufseiten des Installateurs, und der sollte wissen, was zu tun ist und was der jeweilige Netzbetreiber erwartet. Dem Betreiber bleibt es vorbehalten, die vorbereiteten Formulare zu unterschreiben und die Anlage nach Mitteilung der Anlagendaten durch den Netzbetreiber im Marktstammdatenregister einzutragen.

Kompliziert kann es werden, wenn die Anlage in Eigenleistung auf dem Dach montiert wurde. Denn die Anmeldung einer

»DIY« (»Do it yourself«)-Anlage darf nur ein zertifizierter und beim Verteilnetzbetreiber eingetragener Elektriker vornehmen. Einen solchen zu finden, der mit seiner Unterschrift für die ordnungsgemäße Installation der Anlage geradesteht und dann nur noch die Aufgabe hat, die Anlage anzumelden, ist oft entsprechend schwierig. Darauf sollten Mitglieder der »DIY«-Fraktion vorbereitet sein.

Wie man sich Arbeit mit dem Finanzamt erspart, haben wir im entsprechenden Kapitel bereits beschrieben.

So ökologisch wertvoll, wie immer behauptet wird, ist die Photovoltaik gar nicht. Die bei der Herstellung der Module und Geräte aufgebrachte Energie holt eine PV-Anlage nie wieder herein!

Das stimmt nicht, und hat auch nie gestimmt. Neuesten Studien zufolge trägt eine PV-Anlage ihren Herstellungs-CO_2-Rucksack nach eineinhalb bis drei Jahren ab und produziert danach saubere Energie. Deshalb wird Photovoltaikstrom auch nicht mit 0 Gramm CO_2-Ausstoß berechnet, sondern mit rund 50 Gramm pro erzeugter Kilowattstunde (Stand: 2022). Aber mit jeder installierten PV-Anlage wird der Strom sauberer und der Rucksack für die darauffolgende Anlage kleiner.

PV-Module sind nach zehn Jahren kaputt und landen dann auf dem Sondermüll!

Auch das kann so nicht bestätigt werden. In der Tat sind in PV-Modulen nach wie vor kritisch zu betrachtende Substanzen wie die Schwermetalle Blei und Cadmium enthalten. Deren fachgerechte Entsorgung ist zwar möglich, aber noch nicht abschließend geregelt. Jedoch wird eine signifikante Menge von zu recycelnden Modulen erst mit Beginn der 2030er-Jahre erwartet, wenn die Zellen der PV-Hochzeit Anfang der 2000er-Jahre langsam ihre Leistungsfähigkeit verlieren. Nach zehn Jahren gibt es ohne äußere Einwirkungen nur selten Defekte an PV-Modulen. Wir haben schon viele Anlagen besichtigt, die seit 15 Jahren und länger ohne große Zwischenfälle ihren Dienst verrichten.

PV-Module sind leicht brennbar und schwer zu löschen!

Hier hören wir immer wieder ähnliche Geschichten wie über E-Autos, zum Beispiel: Die Feuerwehr lässt im Falle eines Brandes das Gebäude kontrolliert niederbrennen. Doch zunächst einmal geht von ordentlich installierten PV-Anlagen keine erhöhte Brandgefahr aus. Brände treten meist nur bei beschädigten oder unsachgemäß verlegten Kabelverbindungen auf. Da eine PV-Anlage nicht ohne Weiteres stromlos zu machen ist – die Module schicken bei Lichteinfall weiterhin Strom zum Wechselrichter –, gibt es für die Einsatzkräfte Anweisungen, wie in einem solchen Fall vorzugehen ist. Dazu gehört aber nicht, das Gebäude kontrolliert abbrennen zu lassen. Vielmehr ist auf die Art des Löschmittels und auf die entsprechenden Sicherheitsabstände zu achten. Vorteilhaft ist es, wenn die Rettungstruppe schon bei der Alarmierung weiß, dass es sich bei dem Gebäude um ein stromerzeugendes handelt.

Notizen

ABSCHLIESSENDE GEDANKEN

Während wir diese Zeilen schreiben, spielt die Welt gerade verrückt. In Europa herrscht Krieg, und der Klimawandel mit seinen Auswirkungen wird immer offensichtlicher. Wir ärgern uns über steigende Energiepreise und haben Angst, uns in vielen Bereichen des Lebens einschränken zu müssen. Wir fragen uns, ob es für uns zumutbar ist, auf Autobahnen nur noch 130 Stundenkilometer fahren zu dürfen, weniger Fleisch zu essen oder im Winter die Temperatur im Haus um ein Grad zu senken, um Energie zu sparen.

Was ist zumutbar? Millionen Menschen auf der Welt haben schon jetzt kein Dach mehr über dem Kopf oder müssen ihr Land verlassen, weil es dort keine Zukunft mehr für sie gibt. Viele riskieren auf der Flucht vor Krieg, Hunger, Überschwemmungen oder Dürre und in der Hoffnung, an anderer Stelle neu beginnen zu können, ihr Leben.

Viele vergessen: Unser Wohlstand ist in vielen Bereichen nur deswegen so groß, weil andere Menschen in anderen Ländern für wenig Geld für uns arbeiten, weil wir Rohstoffe aus ihrem Land für das Wachstum unserer Wirtschaft benötigen, während sie selbst kaum etwas davon haben.

Oft hören wir Aussagen wie: »Ich als Einzelner kann doch gar nichts tun.« Ist das wirklich so? Wer ein Dach zur Verfügung hat, auf dem Photovoltaik installiert werden kann, tut nicht nur etwas für sich, sondern auch ganz viel für andere Menschen. Wenn jeder das erkennt (und umsetzt), was er oder sie kann, dann ist uns schon sehr geholfen. Sicher kostet eine PV-Anlage eine Menge Geld, doch die Folgekosten für das Nichtstun werden um einiges höher sein.

Kriege werden geführt, um Macht zu demonstrieren. Aber vor allem geht es um Rohstoffe und um fossile Energien wie Erdöl oder Gas. Sorgen wir dafür, dass wir den Kriegstreibenden den Wind aus den Segeln nehmen und unseren Strom mit Sonne, Wind und Wasser selbst erzeugen.

Wenn ihr die Möglichkeit dazu habt, macht den ersten Schritt! Schaut euer Dach, euren Balkon, eure Fassade oder euren Zaun an und entscheidet euch für den Bau einer PV-Anlage. Genießt das Gefühl, euren selbst erzeugten, sauberen Strom selbst zu verbrauchen. Freut euch, dass auch eure Nachbarn etwas davon haben, wenn ihr den überschüssigen Strom einspeist. Ladet euer E-Auto mit eurem eigenen Strom und seid mit gutem Gewissen unterwegs. Sucht euch klimaschonende Heizungsvarianten und saniert eure Häuser.

Photovoltaik und Elektromobilität zeigen, dass Nachhaltigkeit auch Spaß machen kann. Wir haben in den ersten Monaten mehrfach täglich die Stromproduktion unserer PV-Anlage beobachtet, und auch heute vergeht kein Tag, an dem wir nicht den Ertrag prüfen und analysieren. Die Überschüsse der PV-Anlage ins E-Auto zu laden, ist ein wahnsinnig gutes Gefühl. Ebenso gut fühlt es sich an, im E-Auto zu sitzen und das ruhige Dahingleiten oder die teils atemberaubende Beschleunigung der neuen Technik zu genießen.

Wir sind nicht mehr abhängig von mehrfach täglich schwankenden Preisen an der Tankstelle. Wir investieren in unsere eigene Energieproduktion, füllen nicht die Taschen der Ölscheichs, Konzernvorstände oder Börsenspekulanten.

Die Sonne versorgt uns mit unendlich viel Energie. Fangen wir an, dieses riesige Potenzial endlich zu nutzen. Um es – wie schon zu Beginn des Buches – mit den Worten des Journalisten Franz Alt zu sagen: »Die Sonne schickt uns keine Rechnung.« Ohne Rechnung heißt in diesem Fall allerdings nicht umsonst, im Gegenteil: Sorgt mit einem guten Gesamtpaket dafür, dass auch eure Kinder und Enkel eine lebenswerte Zukunft vor sich haben. Sie werden es euch danken.

Meine Gedanken

WEITERFÜHRENDE LINKS

Unsere Homepage »gewaltig nachhaltig«. Im Downloadbereich befindet sich unter anderem die Tabelle zur Wirtschaftlichkeitsberechnung eines Speichers.
https://www.gewaltignachhaltig.de

Aktuelle Informationen:
https://www.penguinrandomhouse.de/OsterPamperin_Photovoltaik

Das Forum von PV-Experten für Einsteiger und Fortgeschrittene:
https://www.photovoltaikforum.com

Erstellung einer Ertragsprognose bei PVGIS:
https://re.jrc.ec.europa.eu/pvg_tools/en/

Alles zur aktuellen Version des Erneuerbare-Energien-Gesetzes des Bundesministeriums für Wirtschaft und Klimaschutz:
https://www.erneuerbare-energien.de

Kreditanstalt für Wiederaufbau (KfW):
https://www.kfw.de

Wattbewerb: https://wattbewerb.de

Umgang der Feuerwehr mit brennenden PV-Anlagen:
https://www.feuerwehrmagazin.de/nachrichten/news/loeschen-von-braenden-mit-pv-anlagen-104657

Viele nützliche Informationen zum Thema Photovoltaik und Finanzamt vom Bayerischen Landesamt für Steuern:
https://www.finanzamt.bayern.de/Informationen/Steuerinfos/Weitere_Themen/Photovoltaikanlagen/

Informationen zum Smart-Meter-Gateway:
https://www.bdew.de/energie/digitalisierung/welche-rolle-spielen-smart-meter-fuer-die-digitalisierung-der-energiewende/

QUELLEN

BMWK

Bundesnetzagentur

Verbraucherzentrale

HTW Berlin, Forschungsgruppe Solarspeichersysteme (Speicherinspektion)

Bildnachweis:
AdobeStock: 8 (vvvita), 10 (anatoliy_gleb), 15 (BRN-Pixel), 17 (Basilicostudio Stock), 20 (malp), 21 (Igor), 24 (alejomiranda), 26 (Nicky), 28/29 (slavun), 33 (lovelyday12), 36 (LariBat), 37 (reimax16), 39 (Bumann), 41 o. (maho), 41 u. (Julian), 43 (ZIHE), 45 (sandra zuerlein), 47 (Lukas Bast), 49 (U. J. Alexander), 54/55, 61, 69 (4th Life Photography), 57 (Stockfotos-MG), 60 (Patrick), 65 (Otmar Smit), 67 (Herbert Esser), 73 (Fokke Baarssen), 74 (Fotoschlick), 91 (Destina), 114/115, 151 (Simon Kraus), 119 (shootingankauf), 120 (Marco2811), 121 (mmphoto), 122 (Turi), 128 (Mercury studio), 130 (Karin Jähne), 131 (Marina Lohrbach), 136/137 (Studio Harmony), 138 (CrazyCloud); **Privat:** 103, 105, 124, 125; **Shutterstock:** 30 (Michael von Aichberger), 63 (Alexxxey), 78 (Douglas Cliff), 79 (Audio und werbung), 81 (Milleflore Images), 98 (nepool), 118 (BigPixel Photo), 123 (caifas), 127 (Geza Farkas), 166 (Photocreo Michal Bednarek)

Liebe*r Leser*in,
wir hoffen sehr, dir hat das Buch gefallen und würden uns freuen,
wenn du eine Rezension bei deinem liebsten Online-Händler schreibst.

Hast du Fragen, Wünsche oder Anregungen?
Dann schreibe gerne an: yuna@penguinrandomhouse.de.

Viele Grüße
YUNA

2. Auflage
Originalausgabe

in der Penguin Random House Verlagsgruppe GmbH,
Neumarkter Str. 28, 81673 München
Covergestaltung: YUNA unter Verwendung von Motiven
von © Adobe Stock (Animaflora PicsStock, Kwadri, Simon Kraus)
Satz: Leingärtner, Nabburg
Druck und Bindung: Litotipografia Alcione S. r. l., Lavis
Printed in Italy

Penguin Random House Verlagsgruppe FSC® N001967

ISBN 978-3-517-30331-4